7
1969

Faserforschung und Textiltechnik

WISSENSCHAFTLICH-TECHNISCHE ZEITSCHRIFT
FÜR DIE CHEMIEFASER- UND TEXTILINDUSTRIE

BEGRUNDET VON
ERICH CORRENS UND WALTER FRENZEL

HERAUSGEGEBEN VON ERICH CORRENS
WOLFGANG BOBETH — HANS BÖHRINGER — HERMANN KLARE
BURKART PHILIPP — CHRISTIAN RUSCHER

SCHRIFTLEITER J. BRÄMER UND I. RUSCHER

AUS DEM INHALT

AKADEMIE-VERLAG BERLIN

Faserforsch. u. Textiltechnik • 20. Jahrg. • Heft 7 • Seiten 309—356 • Berlin im Juli 1969

DK 677.494.745.32:677.494.021.97:677.494.021.925:539.26

v. Hornuff, Günther, und *Grosse, Ingrid*

Über Veränderung der Feinstruktur von Polyacrylnitrilfasern bei der Reckung und der thermischen Behandlung 1. Mitt.

Faserforschung u. Textiltechnik **20** (1969) 7, S. 309—316. 19 Abb., 2 Tab., 30 Lit.

An PVY-Modell- und Handelsfasern werden die Beziehungen zwischen Reckgrad und thermischer Nachbehandlung untersucht. Die hierbei angewendeten Methoden der Feinstrukturuntersuchung werden auf ihre Aussagekraft beurteilt.

DK [678.6/.7-13.02:66.095.26]:547.339.211
547.466.22/.23:546.131'47:546.212:66.062.855.2:541.127.1

Reichert, Hans, und *Gröbe, Volker*

Zur Copolymerisation von Acrylnitril mit N-Allylglycin und N-Allyl-β-alanin

Faserforsch. u. Textiltechnik **20** (1969) 7, S. 317—321. 3 Abb., 4 Tab., 9 Lit.

Acrylnitril wurde mit N-Allylglycin und N-Allyl-β-alanin in wäßriger $ZnCl_2$-Lösung und in Wasser/Dimethylformamid-Mischung copolymerisiert. Dabei wurden die Copolymerisationsgeschwindigkeiten und -parameter bestimmt und diskutiert.

DK 678.745.32:541.124:541.651:[542.951.9:546.267]

Makschin, Werner, und *Ulbricht, Joachim*

Untersuchungen zur thermischen Verfärbung des Polyacrylnitrils. Thermische Abspaltung von Blausäure aus Polyacrylnitril

Faserforsch. u. Textiltechnik **20** (1969) 7, S. 321—329. 7 Abb., 5 Tab., 40 Lit.

In Gegenwart von Sauerstoff spaltet Polyacrylnitril oberhalb 150 °C HCN ab. Die freigesetzte Menge ist proportional der Temperatur und Dauer des Erhitzens; die Aktivierungsenergie beträgt 22 kcal/mol. Als Primärreaktion wird die Peroxygenierung des Polyacrylnitrils in β-Stellung angesehen. Die HCN-Abspaltung erfolgt aus den Folgeprodukten des Hydroperoxidzerfalls. Strukturanomalien, wie z. B. Ketenimingruppen, die beim Abbruch der Polymerisation in den Polymeren gebildet werden, bewirken eine beschleunigte HCN-Entwicklung. Die verstärkte thermische Verfärbung des Polyacrylnitrils in Gegenwart von Sauerstoff steht nicht im direkten Zusammenhang mit der Blausäureabspaltung. Ein vollständiger Reaktionsmechanismus wird diskutiert.

DK 677.494.675:677.494.021.342.2
543.244.6:543.432:543.436:546.824—31

Praeger, Konrad, Bröcker, Waltraud, und *Raue, Ilse*

Die Bestimmung des Mattierungsmittelgehaltes in Titandioxidsuspensionen und mattiertem Polyamid

Faserforsch. u. Textiltechnik **20** (1969) 7, S. 330—333. 3 Tab., 13 Lit.

Für die Suspensionsanalyse wurden ein komplexometrisches, ein nephelometrisches und ein kolorimetrisches Verfahren sowie eine Dichtemethode entwickelt, die je nach dem Lactamgehalt der Suspension einsatzfähig sind. Zur Schnellbestimmung des Mattierungsmittelgehaltes in Polyamid bewährte sich ein kolorimetrisches Verfahren. Die Anwendungsgebiete und die Reproduzierbarkeit der einzelnen Analysenmethoden werden erläutert und genaue Analysenvorschriften werden angegeben.

DK 677.463.021.22:677.463.021.311:677.463.021.32:541.182.02:543.257.5

Schwager, Gotthard, Wagner, Maria, Schleicher, Harry, und *Philipp, Burkart*

Zum Einfluß der Nachreife auf den Partikelgehalt von Viskosen

Faserforsch. u. Textiltechnik **20** (1969) 7, S. 333—337. 1 Abb., 5 Tab., 7 Lit.

Die Änderung der Teilchenzahl von Viskoselösungen während der Nachreife wurde in Abhängigkeit vom Zellstofftyp, den Sulfidier- und Lösebedingungen und der Nachreifetemperatur untersucht. Nur bei naßsulfidierten Viskosen, nicht aber nach trockener Xanthogenierung in der Baratte, tritt eine erhebliche Zunahme der konduktometrisch registrierten Partikelzahl während der Nachreife ein, wobei diese Änderung der Teilchenzahl mit sinkender Nachreifetemperatur geringer wird und bei Reifetemperaturen unter 0 °C ihr Vorzeichen umkehrt. Zur Deutung der erhaltenen Ergebnisse wird von einem unterschiedlichen Quellungszustand der Gelpartikel ausgegangen.

DK 677.494:539.612:677.862.555:677.019.172:537.3.08

Jacobasch, Hans-Jörg, und *Flath, Hans-Joachim*

Zu den Ursachen der Trockenanschmutzung von Textilien

Faserforsch. u. Textiltechnik **20** (1969) 7, S. 338—346. 9 Abb., 7 Tab., 23 Lit.

Die verschiedenen möglichen Ursachen der Haftung von trockenem Pigmentschmutz an Faserstoffen werden erörtert. Als wesentlich für die Schmutzhaftung werden die faserstoffspezifischen Haftkräfte angesehen, die sich durch elektrokinetische Messungen charakterisieren lassen. Der Wirkungsmechanismus von schmutzabweisenden Ausrüstungen wird diskutiert.

Kurze Mitteilungen

DK 661.728.27:547.473'314:543.43

Slávik, Ivan, und *Kučerová, Mária*

Zeitlicher Verlauf der Lacton- bzw. Esterbildung in Zellstoffen beim Absäuern und Trocknen

Faserforsch. u. Textiltechnik **20** (1969) 7, S. 346—347. 4 Abb., 1 Tab., 5 Lit.

DK 677.862.25:677.21:678.745.32:541.24.08:677.016.65

Teichmann, Rainer, und *Voigtländer, Günther*

Eine einfache Methode zur Bestimmung des Durchschnittspolymerisationsgrades von Polyacrylnitril in Pfropfcopolymeren mit Cellulose

Faserforsch. u. Textiltechnik **20** (1969) 7, S. 348. 5 Lit.

Die Zeitschrift „Faserforschung und Textiltechnik“ erscheint monatlich in Heften zu 48 Textseiten im Format A 4. Der Preis für das Einzelheft beträgt M 15,– (Sonderpreis für DDR M 9,–), für den Vierteljahrbezug M 45,– (Sonderpreis für DDR M 27,–), zuzügl. Bestellgeld. Die Berechnung erfolgt zu Beginn eines Vierteljahrs für 3 Hefte. Bestellungen aus dem Gebiet der Deutschen Demokratischen Republik an ein Postamt, eine Buchhandlung oder den Verlag, aus der Deutschen Bundesrepublik an eine Buchhandlung oder die Auslieferungsstelle Kunst und Wissen, Erich Bieber, 7 Stuttgart 1, Wilhelmstraße 4–6, aus dem Ausland an eine Importbuchhandlung, den Deutschen Buch-Export und -Import GmbH., 701 Leipzig, Postschließfach 276, oder den Akademie-Verlag GmbH., 108 Berlin, Leipziger Str. 3–4 (Fernruf: 220441; Telex-Nr. 0112020; Postscheckkonto 35021) erbeten. Bestellnummer dieses Heftes: 1014/20/7. Alleinige Anzeigenannahme DEWAG-WERBUNG, 102 Berlin, Rosenthaler Str. 28/31, und alle DEWAG-Betriebe in den Bezirksstädten der DDR. – Bestellungen in der UdSSR nehmen entgegen: Städtische Abteilungen von „SOJUZPECHATJ“ bzw. Postämter und Postkontore.

Herausgeber und verantwortlich für den Inhalt: Prof. Dr. Erich Correns, Institut für Faserstoff-Forschung der Deutschen Akademie der Wissenschaften zu Berlin, 153 Teltow-Seehof, Fernruf: Teltow 4831; Prof. Dr.-Ing. habil. Wolfgang Bobeth, Institut für Technologie der Fasern der Deutschen Akademie der Wissenschaften zu Berlin, 801 Dresden, Hohe Str. 6, Fernruf: 44721; Prof. Dr.-Ing. Hans Böhringer, Institut für Textiltechnologie der Chemiefasern Rudolstadt, Fernruf: Rudolstadt 2031; Prof. Dr. Hermann Klare, Prof. Dr. habil. Burkart Philipp und Dr. Christian Ruscher, Institut für Faserstoff-Forschung der Deutschen Akademie der Wissenschaften zu Berlin, 153 Teltow-Seehof, Fernruf: Teltow 4831. Schriftleiter: Joachim Brämer und Dipl.-Chem. Ingeborg Ruscher, 153 Teltow-Seehof, Kantstr. 55. Verlag: Akademie-Verlag GmbH., 108 Berlin, Leipziger Str. 3–4. Satz und Druck: Druckhaus „Maxim Gorki“, 74 Altenburg. – Veröffentlicht unter der Lizenznummer 1280 des Presseamtes beim Vorsitzenden des Ministerrates der Deutschen Demokratischen Republik.

Manuskriptsendungen sind an einen der Herausgeber oder die Schriftleitung zu richten. Für Inhalt und Form gelten die „Richtlinien für die Annahme und Abfassung von Beiträgen“, erhältlich von der Schriftleitung. Die Verfasser größerer wissenschaftlicher Arbeiten erhalten außer dem Honorar ein Heft und 50 Sonderdrucke ihrer Arbeit unentgeltlich. Nachdrucke sowie Übersetzungen in fremde Sprachen des Inhalts dieser Zeitschrift und deren Verbreitung – auch auszugsweise mit Quellenangabe – bedürfen der schriftlichen Vereinbarung mit dem Verlag.

Faserforschung und Textiltechnik

WISSENSCHAFTLICH-TECHNISCHE ZEITSCHRIFT FÜR DIE CHEMIEFASER- UND TEXTILINDUSTRIE

Band 20 Juli 1969 Heft 7

Über Veränderung der Feinstruktur von Polyacrylnitrilfasern bei der Reckung und der thermischen Behandlung

1. Mitteilung

Günther v. Hornuff und Ingrid Grosse[1])

DK 677.494.745.32:677.494.021.97:677.494.021.925
539.26

An PVY-Modell- und Handelsfasern werden die Beziehungen zwischen Reckgrad und thermischer Nachbehandlung untersucht. Die hierbei angewendeten Methoden der Feinstrukturuntersuchung werden auf ihre Aussagekraft beurteilt.

К изменению тонкой структуры полиакрилонитрильных волокон в процессе вытяжки и термической обработки.
Сообщ. 1-е

На лабораторных и промышленных образцах полиакрилонитрильных волокон изучены зависимости между кратностью вытяжки и термической обработкой. Применявшиеся при этом методы изучения тонкой структуры оценены с точки зрения степени информации.

Changes in the Fine Structure of Polyacrylonitrile Fibres on Stretching and Thermal Aftertreatment. First Comm.

The relationships between degree of stretching and thermal aftertreatment have been investigated with model and commerical PVY-fibres. The efficiency of the methods applied is discussed.

1. Einleitung

Polyacrylnitrilfaserstoffe werden im Verlaufe ihrer Herstellung und Verarbeitung den verschiedensten Einflüssen unterworfen, die alle mehr oder weniger große Auswirkungen auf die Struktur und die Eigenschaften haben. Von außerordentlicher Bedeutung ist beispielsweise die Reckung der Faser während des Spinnvorganges. Sie ist auch der am eingehendsten untersuchte Prozeß.

Bei der Verarbeitung sind folgende Einwirkungen zu nennen:

1. Hitzeeinwirkungen:
   a) Trockenhitze,
   b) Naßhitze,
   c) Sattdampf;
2. Chemikalieneinwirkungen:
   a) Säure (Karbonisieren von Gemischen PVY/Wolle),
   b) Akalien (Waschprozeß),
   c) Oxydationsmittel (Bleiche).

Die unterschiedlichen Hitzeeinwirkungen wurden ausführlich an PAN (CASSELLA), DRALON und ORLON von *W. Fester* [1] untersucht. Mit dem Problem des Bleichens von PVY-Fasern und seinen Auswirkungen auf die Struktur befaßte sich u. a. *P. Würthle* [2].

Dagegen wurden die Beziehungen zwischen Reckung und Nachbehandlung noch keiner eingehenden Untersuchung unterzogen. Die Auswirkungen, die Trockenhitze auf die Struktur unterschiedlich gereckter PVY-Fasern hat, wurden deshalb im Rahmen dieser Arbeit untersucht. Zum Vergleich wurden verschiedene PVY-Handelsfasern gleichartig behandelt.

Neben diesem Problem wurde versucht, neuartige Parameter zu finden, die Aussagen über die Veränderungen der Feinstruktur gestatten.

[1]) Auszug aus der Dissertation Dipl.-Chem. *Ingrid Grosse*, Mathematisch-naturwissenschaftliche Fakultät der TU Dresden 1968.

2. Strukturuntersuchungen an unbehandelten naßgesponnenen PVY-Modellfasern (Reckreihe RC 5541)

2.1. Charakteristik der Fasern

Für Untersuchungen an unterschiedlich gereckten PVY-Fasern wurden an der Modellspinnanlage des Instituts für Faserstoff-Forschung in Teltow-Seehof Fasern hergestellt, die sich nur in bezug auf die Reckung unterschieden[2]).

Bei den Fasern handelt es sich um ein Copolymeres Buna RC 5541, das 90% Acrylnitril und 10% Vinylacetat enthält. Es wurde eine 17,45%ige Lösung in DMF in ein Fällbad, das aus DMF/Wasser (60 : 40) bestand, bei 20 °C gesponnen. Die Fasern wurden anschließend in Wasser bei 97 °C gereckt. Durch Variation von Fördermenge und Endabzug wurde erreicht, daß ein konstanter Titer trotz unterschiedlicher Reckung gewährleistet war. Die Fasern wurden zur Entfernung des Dimethylformamids 30 min mit Wasser gekocht, gespült und ohne Spannung bei 80 °C getrocknet.

Vor den einzelnen Untersuchungen wurden die Fasern im Soxhletapparat mit Methylenchlorid/Äther-Gemisch extrahiert.

2.2. Mikroskopische Untersuchungen

Auf allen Aufnahmen (Bilder 1 bis 6) waren sehr gut die für naßgesponnene Fasern typischen Kapillaren (3,28) zu sehen. Nur etwa $^1/_3$ des Faserdurchmessers erschien hohlraumfrei. Mit der Reckung änderte sich die Querschnittsform kontinuierlich, während die Fläche fast unverändert blieb.

Bei der Reckung 1:3 zeigte sich in dem bis dahin runden Querschnitt eine Einbuchtung, die mit steigendem Recken immer besser ausgebildet wurde.

[2]) An dieser Stelle sei Herrn Dr. *V. Gröbe* gedankt, dessen Bereitwilligkeit und Unterstützung die Erspinnung der Modellfasern ermöglichten.

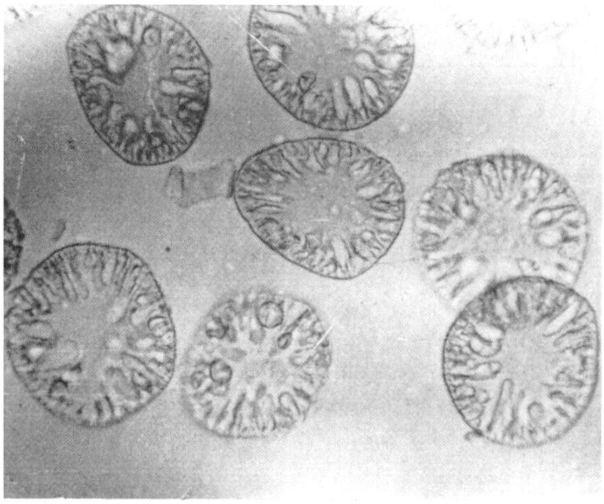

Bild 1

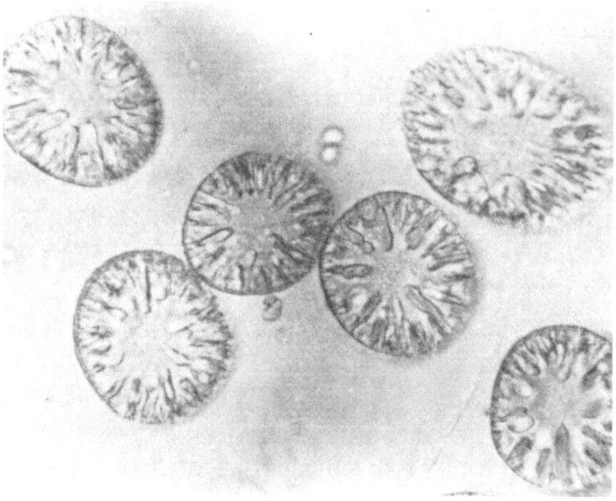

Bild 2

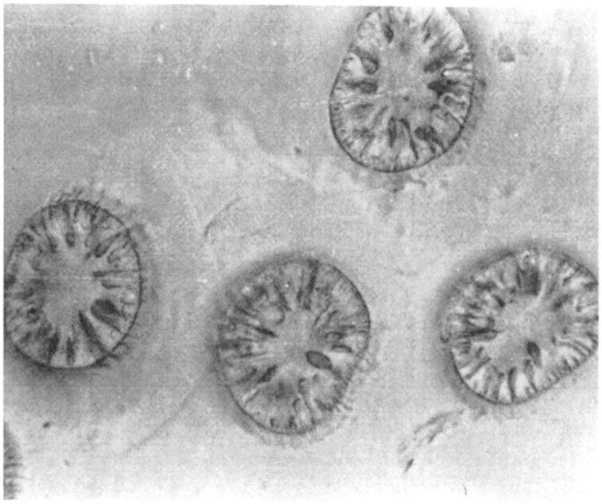

Bild 3

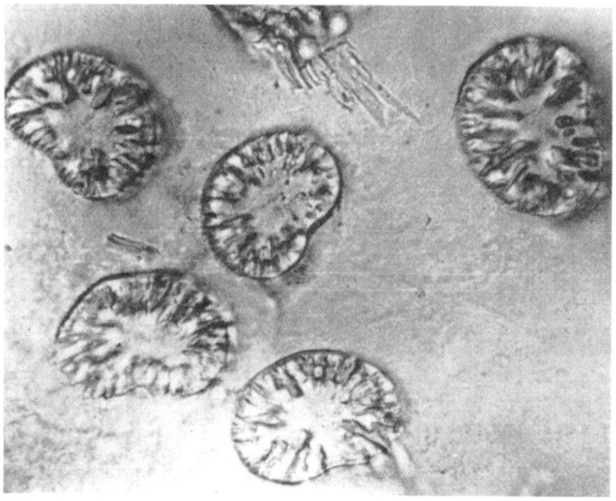

Bild 4

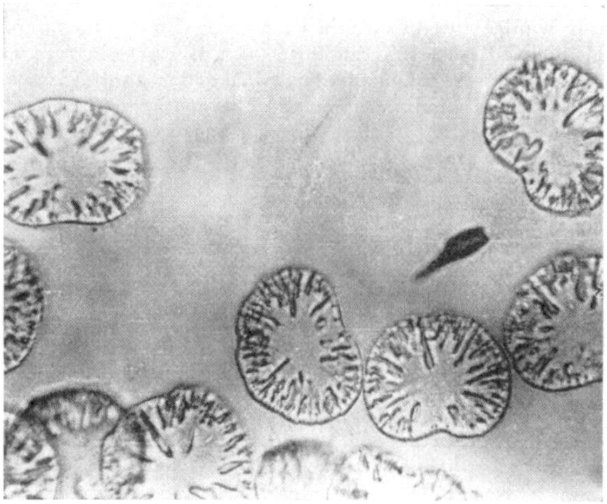

Bild 5

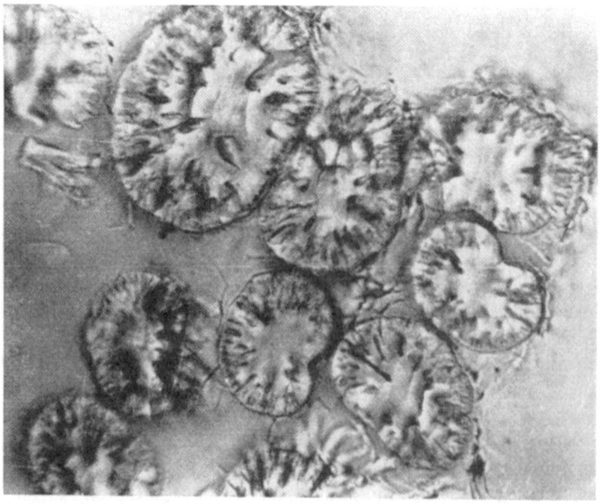

Bild 6

Bild 1 bis 6. Querschnitte von PVY-Fasern (RC 5541) bei verschiedener Reckung (Vergrößerung 450fach) Reckung 1 : 1 bis 1 : 6

2.3. Röntgenuntersuchungen

Aus den Weitwinkel-Röntgenaufnahmen bzw. den daraus gewonnenen Photometerkurven war deutlich eine Abnahme der Halbwertsbreite (16) und damit eine Zunahme der Orientierung zu erkennen.

Der Ordnungsgrad (29) $O = \frac{h_R}{h_U}$ ergab eine klare Abhängigkeit von der Reckung. Die Änderung von $O' = \frac{h_R}{h_U + h_R}$[3] mit dem Recken war dagegen sehr gering. Aus diesem Grunde wurde von uns die Bestimmung von O bevorzugt.

Aus den Messungen konnte man nicht schließen, in welchen Grenzen der Zuwachs der Ordnung erfolgte, d. h. wie hoch der kristalline und der nichtkristalline Anteil waren. Es war nur die steigende Tendenz der Ordnung mit der Reckung zu ersehen. Sowohl die Änderung der Halbwertsbreite als auch die des Ordnungsgrades ließen erkennen, daß ein Grenzwert angestrebt wurde. Dieser schien für die Orientierung bei der Reckung 1:5 erreicht zu sein, während der Grenzwert der Ordnung erst bei Reckungen größer als 1:6 vorlag.

2.4. Dichtemessungen [6, 7]

2.4.1. Schwebedichte

Mit zunehmender Reckung nahm die Schwebedichte der PVY-Faser RC 5541, die durch Konzentrationsvariation von n-Heptan und Tetrachloräthylen bestimmt wurde, hyperbelförmig ab. Sie näherte sich einem Grenzwert, der bei der Reckung 1:6 angenähert erreicht war. Der Kurvenverlauf für Proben, die vorher evakuiert worden waren (8 h bei 10^{-3} Torr), und der für nichtevakuierte Proben waren nahezu gleich, nur war die Kurve für evakuierte Proben nach höheren Dichtewerten verschoben (Bild 7). Das bedeutete, daß das Medium nicht vollständig in die Faser eingedrungen war auf Grund der dort eingeschlossenen Luft. Der Gang der Dichteänderung war aber auch ohne Evakuierung gut ersichtlich.

Die Abnahme der Dichte mit der Reckung stand im Gegensatz zur Theorie, die eine Verdichtung des Fasergefüges mit dem Reckvorgang vorhersagt. Diese Dichtezunahme wurde für PVY-Fasern auch von einigen anderen Bearbeitern gefunden; andere wiederum fanden eine Abnahme der Dichte mit der Reckung [16, 19, 20]. Der Dichteabfall bei den porösen PVY-Fasern RC 5541 läßt sich damit erklären, daß die Zahl der Leerstellen, die für die Flüssigkeit bei der Dichtebestimmung unzugänglich sind, zunimmt.

2.4.2. Scheinbare Faserdichte

Die scheinbare Faserdichte, die bestimmt wird durch Einschluß der gewogenen Fasern in Quecksilber (pyknometrisch), stieg, bis auf den Wert 1:1, linear mit der Reckung an (Bild 8). Die Werte lagen weit unter denen, die nach der Schwebemethode gemessen wurden. Das wurde durch die Anwesenheit der großen Hohlräume verständlich. Die Dichtezunahme mit der Reckung konnte nur als Funktion der Änderung der Hohlraumstruktur aufgefaßt werden.

[3]) h_R = Reflexhöhe der Röntgenphotometerkurve,
h_U = Untergrundhöhe der Röntgenphotometerkurve.

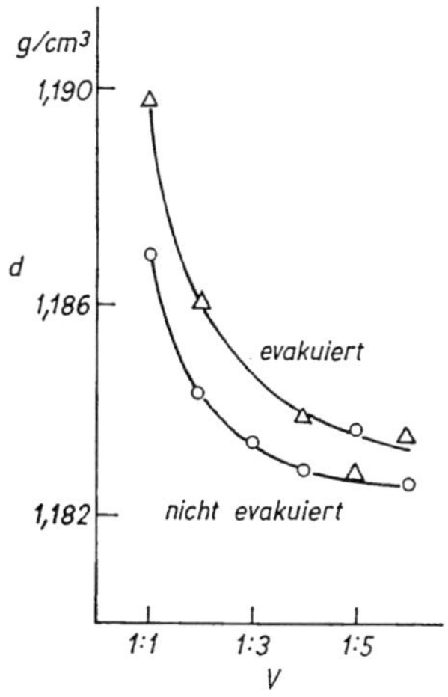

Bild 7. Schwebedichte von PVY-Fasern (RC 5541)

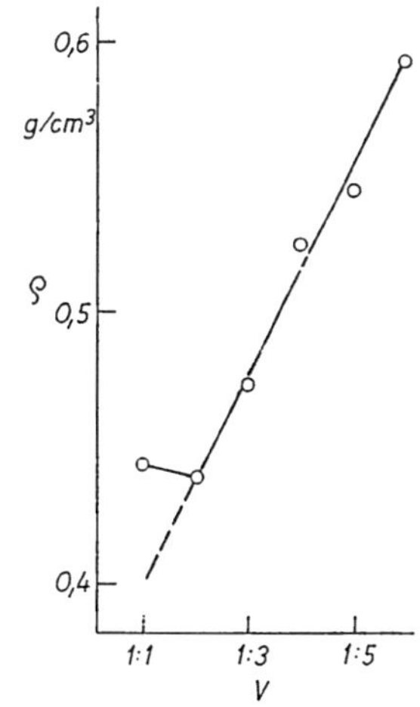

Bild 8. Scheinbare Dichte von PVY-Fasern (RC 5541)

2.4.3. Abschätzung des Hohlraumvolumens

Nimmt man an, daß die Flüssigkeit bei der Bestimmung der Dichte nach der Schwebemethode praktisch alle Hohlräume füllt, während das Quecksilber die Faser umschließt, ohne einzudringen, so kann man aus dem Verhältnis beider Dichten den Anteil der Hohlräume am Gesamtvolumen abschätzen:

$$\%\ \text{Poren} = 100\left(1 - \frac{\varrho_{Hg}}{\varrho_M}\right);$$

ϱ_{Hg} = scheinbare Dichte,
ϱ_M = Schwebedichte.

Es zeigte sich, daß das Hohlraumvolumen mit der Reckung abnahm. Die Absolutwerte gelten nur mit Einschränkung, da die Werte der Schwebedichte davon abhängig sind, ob vorher evakuiert wurde oder nicht. Allerdings dürften die Abweichungen, die sich hierdurch ergeben, gering sein.

2.5. Sorptionsmessungen

2.5.1. Jodsorption

Mit der Reckung steigt die Jodsorptionszahl (JZ) der PVY-Faser RC 5541. Der Kurvenverlauf deutet darauf hin, daß ein Grenzwert der JZ angestrebt wird, der aber erst bei Reckungen über 1:6 erreicht wird. Das steht scheinbar im Widerspruch zur Theorie, die eine Abnahme der Jodsorption mit zunehmender Ordnung voraussagt. Auch hier scheint die Hohlraumstruktur den überwiegenden Einfluß auszuüben [8].

2.5.2. Wasserdampfsorption [9 bis 12]

Die Sorptionsisothermen von RC 5541 (Bild 9) zeigten, daß signifikante Unterschiede in der Wasseraufnahme erst bei höheren Luftfeuchten (über 90% rel. F.) auftraten. Dabei mußte festgestellt werden, daß die Gleichgewichtseinstellung sehr lange dauerte. Die Gewichtszunahme in Abhängigkeit von der Zeit, die das Fasermaterial der Luftfeuchte ausgesetzt war, ist in Bild 10 dargestellt. Längere Sorptionszeiten lassen die Abhängigkeit der Wasserdampfaufnahme vom Reckvorgang immer deutlicher erkennbar werden.

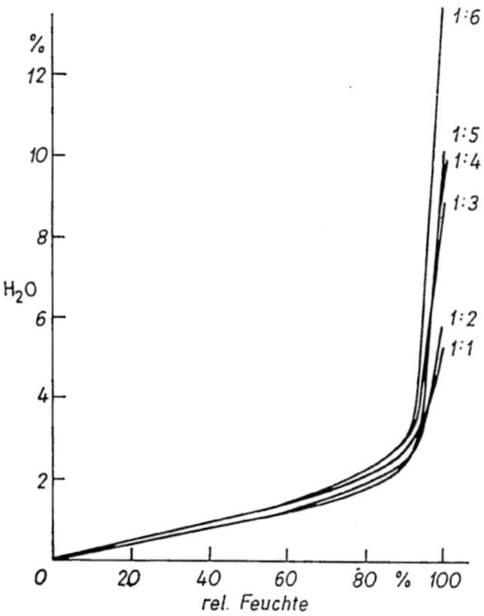

Bild 9. Sorptionsisothermen von PVY-Fasern (RC 5541) (Wasserdampf bei 20 °C)

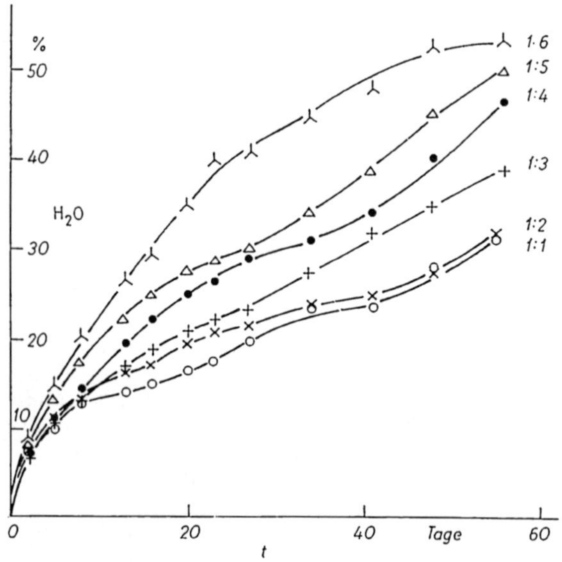

Bild 10. Wasserdampfsorption von PVY-Fasern (RC 5541) in Zeitabhängigkeit (100% rel. F. bei 100 °C)

Die Sorptionswerte, die nach einer Woche Einwirkungszeit gemessen wurden, waren also keinesfalls Gleichgewichtswerte, sondern nur Vergleichszahlen. Man fand nach dieser Zeit einen Anstieg der Sorption von Wasserdampf mit der Reckung.

Aus der Annahme heraus, daß der Punkt der Sorptionsisothermen, bei dem der waagerechte Hyperbelast in den senkrechten übergeht, der monomolekularen Bedeckung der Oberfläche entspricht, wurde eine grobe Abschätzung der Oberfläche vorgenommen. Der Kurvenknick lag bei ca. 90% rel. F. Bei dieser Luftfeuchte waren 2 bis 3% Wasser von den Fasern adsorbiert worden. Der Platzbedarf eines Wassermoleküls wird mit 10,5 Å angegeben [21]. Daraus läßt sich abschätzen, daß die Oberfläche der Fasern zwischen 70 und 110 m²/g liegen müßte.

Die Sorptionsisothermen von Wasserdampf an porösen Materialien bieten eine Möglichkeit, um deren Hohlraumverteilung abzuschätzen [12, 21]. Die *Kelvin*-Gleichung [21] gibt an, in Poren welcher Größe noch Kapillarkondensation bei einem bestimmten Dampfdruckverhältnis (p/p_0) stattfindet, zylindrische Poren und vollständige Benetzung vorausgesetzt:

$$\ln \frac{p}{p_0} = \frac{2\gamma \cdot M}{RT \cdot r \cdot \varrho};$$

γ = Oberflächenspannung des Wassers,
M = rel. Molekülmasse des Wassers,
ϱ = Dichte des Wassers,
T = Temperatur,
R = Gaskonstante,
r = Porenradius ($r < 0$).

Das Wasservolumen, das pro Dampfdruckintervall sorbiert wird, ist proportional dem Gesamtvolumen aller Poren, die einen Radius von r bis $r + \Delta r$ besitzen. Die Verteilungskurve erhält man, indem man $\Delta v_p/\Delta r$ über dem aus der *Kelvin*-Gleichung berechneten Radius aufträgt.

Für die PVY-Faser RC 5541 wurden diese Verteilungskurven wegen ihrer langsamen Gleichgewichtseinstellung nicht berechnet. Das geschah an einigen anderen Modellfasern aus dem Institut für Faserstoff-Forschung der DAW in Teltow-Seehof und dem VEB Chemiefaserwerk „Friedrich Engels", Premnitz, die unter verschiedenen Bedingungen ersponnen worden waren.

Man kann den Kurven folgendes entnehmen (Bild 11): im allgemeinen scheint mit der Reckung eine Verschiebung des Maximums der Verteilungskurve zu kleineren Porenradien vor sich zu gehen. Die Maxima liegen in der Größenordnung von 100 Å, das sind also Poren, die mit dem Lichtmikroskop nicht mehr beobachtet werden können. Eigenartig ist, daß die in DMF/Wasser-Gemisch gesponnenen Proben (LR 1119 und WP 61) nur ein geringes Maximum aufweisen; die Fasern also, die auf Grund ihrer Herstellung die größte Porigkeit haben müßten. Allerdings liegen die Dimensionen dieser Poren über denen, die durch die Kapillarkondensation erfaßbar sind. Außerdem müssen die Verteilungskurven mit Vorbehalten betrachtet werden, da das Verhältnis geordnet/ungeordnet auch Auswirkungen auf die Wasserdampfsorption hat.

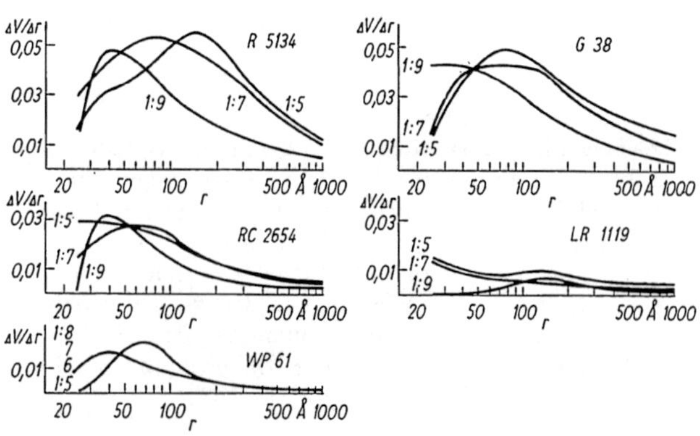

Bild 11. Abschätzung der Hohlraumverteilung von PVY-Fasern durch Wasserdampfsorption

Tabelle 1: Hohlraumstruktnr bei der PVY-Faser RC 5541

	R_F	R_Z	R_S	N_S [g^{-1}]
1:1	$5{,}25 \cdot 10^{-6}$ cm	$8{,}96 \cdot 10^{-6}$ cm	$13{,}43 \cdot 10^{-6}$ cm	$4{,}45 \cdot 10^{14}$
1:3	$4{,}45 \cdot 10^{-6}$ cm	$6{,}73 \cdot 10^{-6}$ cm	$10{,}10 \cdot 10^{-6}$ cm	$9{,}3 \cdot 10^{14}$
1:6	$4{,}32 \cdot 10^{-6}$ cm	$4{,}32 \cdot 10^{-6}$ cm	$6{,}48 \cdot 10^{-6}$ cm	$23{,}3 \cdot 10^{14}$

2.5.3. Gasadsorption zur Oberflächenbestimmung nach BET[4])

Für die Oberflächen wurden an zwei verschiedenen Apparaturen folgende Werte erhalten:

		A	B
RC 5541	1:1	36,3	32,0 m²/g
	1:3	—	38,0 m²/g
	1:6	46,8	39,1 m²/g

Die innere Oberfläche nimmt also mit der Reckung zu. Das erklärt die Befunde der wachsenden Jodsorption und der steigenden Wasserdampfsorption mit der Reckung. Die mit der BET-Methode gefundenen Oberflächen liegen tiefer als die mit Hilfe der Wasserdampfsorption geschätzten. Das läßt sich auf die Ungenauigkeiten der Methode zur Bestimmung der Wasserdampfsorption zurückführen.

2.5.4. Abschätzung der Hohlräume

Die Methode zur Hohlraumabschätzung nach *J. P. Craig, J. P. Knudsen, V. F. Holland* [3] erfordert mehrere einschränkende Voraussetzungen. Es handelt sich bei der Berechnung um ein angenommenes Modell. In ihm sind die Polymeren in Form von Stäbchen angeordnet, die zylindrische und kugelige Hohlräume einschließen. Da dieses Modell gegenüber der Wirklichkeit sehr vereinfacht ist, hat die Berechnung nur begrenzte Bedeutung und kann nur zur verständlicheren Darstellung der Hohlraumstruktur dienen.

$$R_F = \frac{2}{A \cdot d_1};$$

R_F = Radius der Polymerfibrillen,
A = spezifische Oberfläche (BET),
d_2 = scheinbare Dichte,
d_1 = Schwebedichte.

$$R_Z = \frac{2(d_1 - d_2)}{A \cdot d_1 \cdot d_2};$$

R_Z = Radius der Hohlraumbereiche, berechnet als kreisförmiger Zylinder.

$$R_S = \frac{3(d_1 - d_2)}{A \cdot d_1 \cdot d_2};$$

R_S = Radius des kugeligen Hohlraumes.

[4]) Für die Durchführung der Messungen, die unabhängig voneinander im Institut für Technologie der Fasern, Dresden, und im Institut für Physikalische Chemie der TU Dresden durchgeführt wurden, sei Herrn Dr. *H.-J. Flath* und Herrn Dipl.-Chem. *H. Geißler* gedankt.

$$N_S = \frac{A}{4 \cdot R_S^2};$$

N_S = Zahl der Hohlräume, die notwendig sind für die Bestimmung des gemessenen Oberflächenbereichs und der Dichte, berechnet für den kugelförmigen Hohlraum.

Für die Reckungsstufen der Versuchsfaser RC 5541, deren Oberflächen bestimmt worden waren, ergaben sich die in Tabelle 1 angegebenen Werte. Aus ihnen ist zu erkennen, daß durch das Recken die Zahl der Hohlräume steigt, während ihr Durchmesser kleiner wird.

2.6. Wasserrückhaltevermögen

Das Wasserrückhaltevermögen (WRV) [30] nimmt mit der Reckung ab (Bild 12). Der hohe Absolutwert des WRV (über 100%) im Vergleich zu den Handelsfasern (ca. 15%) weist auf die hohe Porigkeit der Fasern hin. Es ist bis zur Reckung 1:6 keine Tendenz zu einem Grenzwert hin festzustellen.

2.7. Kraft-Dehnungs-Verhalten

Die Betrachtung der Kraft-Dehnungs-Kennlinien (Bild 13) zeigt, daß mit der Reckung der *Hooke*sche Bereich zunimmt. Nach *W. Wegener* und *G. Egbers* [4] ist der *Hooke*sche Bereich charakterisiert durch die Zerstörung von Nebenvalenzen in den ungeordneten Bereichen und durch reversible Dehnung der Hauptvalenzen, die mit einer Änderung des Valenzwinkels verbunden ist. Hier müssen starke Bindungen überwunden werden. Das Anwachsen des *Hooke*schen Bereiches würde also bedeuten, daß mit der Reckung die Zahl der in diesem Bereich beanspruchten Bindungen oder deren Stärke ansteigt.

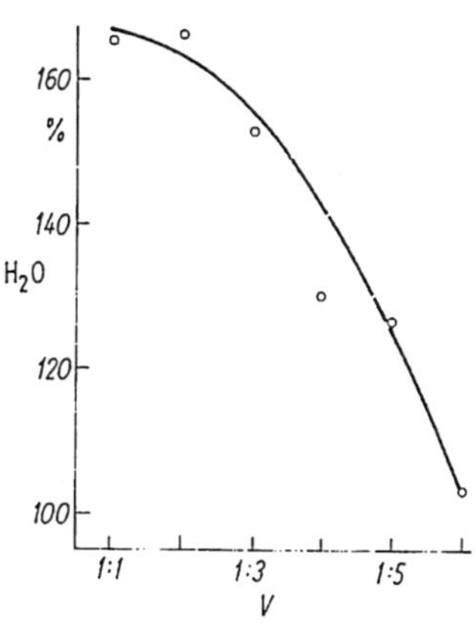

Bild 12. WRV und Reckung von PVY-Fasern (RC5541)

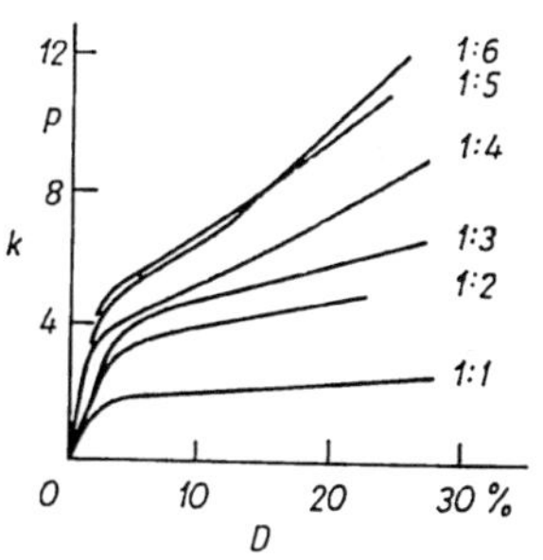

Bild 13. Kraft-Dehnungs-Linien von PVY-Fasern (RC 5541)

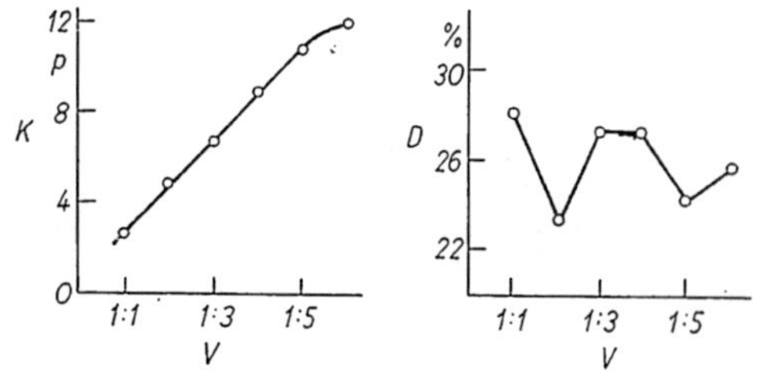

Bild 14. Reißkraft und Reißdehnung von PVY-Fasern (RC 5541)

Der Fließbereich ist dadurch gekennzeichnet, daß nur schwache Bindungen zerstört werden müssen. Der Nachfließbereich soll möglicherweise eine Verfestigung der Faser anzeigen.

Erst bei höheren Reckungen tritt der Nachfließbereich auf. Dies läßt sich mit der Bildung festerer Bindungen durch die Reckung erklären. Diese Bindungen konnten entstehen, weil mit der Reckung die Orientierung und die Ordnung (Kristallinität) zunahmen. Die Entknäuelung der makromolekularen Ketten führte also zu einer gegenseitigen Annäherung, so daß die Voraussetzungen gegeben waren, verstärkte zwischenmolekulare Kräfte zu bilden, die erst im letzten Teil des Dehnungsvorganges beansprucht wurden. Rückschlüsse auf die Art dieser zwischenmolekularen Bindungen konnten aus den KDD nicht gezogen werden.

Aus Bild 14 ist ersichtlich, daß die Reißkraft linear mit der Reckung anstieg. Bei der Reckung 1:6 wurde der Anstieg geringer, um sich für größere Reckungen anscheinend einem Grenzwert zu nähern.

Die Reißdehnung zeigt dagegen eine unregelmäßige Änderung.

2.8. Lösetest mit Salpetersäure

Der Lösetest ist eine Methode zur Untersuchung von Veränderungen der Faserstruktur, die *M. Jänsch* auf Polyamidfasern anwandte [22]. Es wird die Zeit vom Eintauchen einer mit einem kleinen Gewicht belasteten Fadenschlinge in ein Lösungsmittel (Salpetersäure) bis zu deren Reißen bestimmt.

Untersuchungen der Lösezeit der PVY-Faser RC 5541 in Abhängigkeit von der Reckung (Dichte der Salpetersäure 1,328 g/cm³) ergaben interessante Ergebnisse (Bild 15). Die Lösezeit nahm mit der Reckung zu. Für höhere Reckungen war eine Verringerung der Zunahme zu beobachten.

Die Fasern zeigten in der Salpetersäure ein eigenartiges Verhalten: sie schrumpften zuerst, um sich anschließend unter der Einwirkung des Anhängegewichts bis zum Zerreißen zu längen. Schrumpfung und Längung wiesen eine Reckungsabhängigkeit auf. Ein Versuch zur Erklärung dieses Phänomens wird in Abschnitt 3.9 unternommen werden.

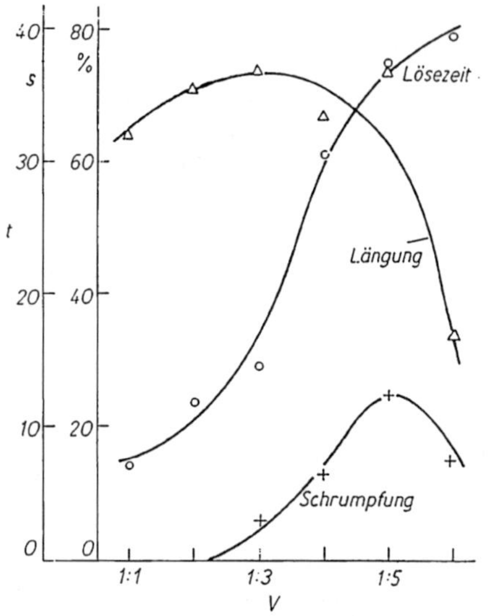

Bild 15. Lösetest von PVY-Fasern (RC 5541)

2.9. Benetzungswärme [15, 16]

Zur Klärung der Frage, inwieweit die Benetzungswärmen von PVY-Fasern mit Wasser reckungsabhängig sind, wurden einige orientierende Versuche durchgeführt[5]. Die Meßergebnisse sind in Tabelle 2 zusammengefaßt.

Auffallend war der Unterschied der Benetzungswärme von extrahierter und nichtextrahierter Faser. Das erklärt sich daraus, daß im zweiten Fall die Benetzungswärme der anhaftenden Präparation (Spellin) gemessen wurde. Möglich ist auch die Erklärung, daß durch die Präparation die Netzung verbessert wird. Auf alle Fälle demonstriert dieser Versuch die Wichtigkeit, die der Schaffung einer sauberen Oberfläche zukommt.

Um entscheiden zu können, welche Bedeutung der Unterschied der Benetzungswärme bei verschiedenen Reckungen hat, mußten diese auf die Oberfläche statt auf das Gewicht bezogen werden. Dabei wurden die nach der BET-Methode bestimmten Oberflächen (Abschnitt 2.5.3) zugrunde gelegt. Es zeigt sich, daß die Unterschiede der Benetzungswärmen bei verschiedenen Reckungen auf Unterschiede der Oberfläche zurückgeführt werden können. Die Abweichungen der Benetzungswärmen in cal/m² liegen innerhalb der Fehlergrenze der Messungen.

Zur Erklärung des Befundes gibt es zwei Möglichkeiten:

[5]) Für die Anleitung sei Herrn Dipl.-Phys. Dr. *K. Wollschläger* vom Institut für physikalische Chemie der TU Dresden gedankt, der auch das verwendete Kalorimeter gebaut hatte.

Tabelle 2. Benetzungswärmen von PVY-Fasern RC 5541

Faser	Benetzungswärme [cal/g]	Oberfläche [m²/g]		Benetzungswärme [cal/m²]	
		A	B	A	B
1:1 nicht extrahiert	1,57	—	—	—	—
1:1 extrahiert	1,21	36,3	32,0	0,033	0,038
1:6 extrahiert	1,62	46,8	39,1	0,035	0,041

1. Die Benetzungswärmen sind unabhängig von der Feinstruktur.
2. Es treten bei der Reckung von PVY-Fasern nur Strukturänderungen auf, durch die sich die Benetzungswärme nicht ändert.

Auf alle Fälle ist es nicht möglich, auf Strukturunterschiede aus den Benetzungswärmen in cal/g zu schließen, wie das z. B. von *N. V. Michajlov* und *E. Fajnberg* [23] bei Polyamiden getan wurde.

2.10. Quecksilber-Hochdruck-Porosimetrie [5, 13, 14]

Einige Messungen mit dem Quecksilber-Hochdruck-Porosimeter wurden im Institut für Textiltechnologie der Chemiefasern Rudolstadt-Schwarza mit der dort vorhandenen Apparatur an verschieden verstreckten PVY-Fasern der Reihe RC 5541 ausgeführt[6]). Die Verteilungskurven, die aus den Diagrammen ermittelt wurden, in denen die Änderung der Höhe des Quecksilbermeniskus in der Kapillare über dem angelegten Druck aufgetragen wurde (Bild 16), sind in den Bildern 16 bis 19 dargestellt. Bild 16 läßt deutlich die Abnahme des Gesamt-Hohlstellengehaltes mit der Reckung erkennen. Aus den Kurven errechnet sich ein Hohlraumvolumen von

1,38 cm³/g für die Reckung 1:1,
1,26 cm³/g für die Reckung 1:3,
0,90 cm³/g für die Reckung 1:6.

[6]) Herrn Dr. *Langner* sei für die Ausführung der Messungen gedankt.

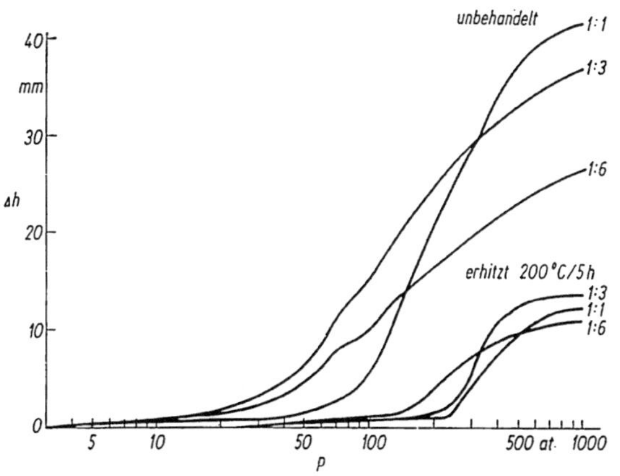

Bild 16

Die Verteilungskurven werden gewonnen, indem man den Radius der Poren berechnet, in die das Quecksilber bei einem angelegten Druck eindringt. Über dem Radius wird die pro Radius-(Druck-)intervall aufgetretene Volumenänderung aufgetragen.

Die Verteilungskurven zeigen für unterschiedlich gereckte Proben eine unterschiedliche Form. Die Lage der Maxima ist jedoch ungefähr gleich: sie liegen bei 95 Å, 130 bis 160 Å, 250 bis 270 Å, 430 Å und 1000 Å. Deutlich erkennbar ist der Rückgang der Zahl der großen Poren zugunsten kleinerer mit der Reckung, wenn man die Intensitätsverhältnisse der Maxima bei 95 und 150 Å vergleicht. Jedoch müssen auch die nach dieser Methode erhaltenen Ergebnisse mit Einschränkungen betrachtet werden, da neben der Füllung der Kapillaren mit dem Quecksilber noch die Möglichkeit besteht, daß durch den hohen Druck die Faser zusammengepreßt wird und so eine definierte Kapillarität vortäuscht.

2.11. Diskussion

Allen Ergebnissen an der PVY-Faser RC 5541 muß vorangestellt werden, daß es sich um eine Modellfaser handelt, deren Eigenschaften, bedingt durch die starke Porosität, oftmals von denen der Handelsfasern abweichen. Das zeigt sich bei den Werten des WRV, der scheinbaren Faserdichte, den Sorptionswerten und den Ergebnissen der Quecksilber-Porosimetrie.

Mit Hilfe der Quecksilber-Porosimetrie ist festzustellen, daß durch die Reckung der Hohlstellengehalt abnimmt, hauptsächlich dadurch, daß die Zahl der großen Poren zurückgeht, während der Anteil der kleinen Poren zunimmt. Das erklärt bis zu einem gewissen Grade die Abnahme der Schwebedichte mit der Reckung, da das Flüssigkeitsgemisch in die kleinen Poren nicht mehr einzudringen vermag. Die geringen Werte der scheinbaren Faserdichte werden durch den außerordentlich hohen Hohlstellengehalt verständlich.

Trotz abnehmendem Hohlstellengehalt nimmt die BET-Oberfläche der Fasern mit der Reckung zu. Das ist nur dadurch möglich, daß sich auf Kosten der großen Poren neue, kleinere im Laufe der Reckung bilden, die eine größere Gesamtoberfläche haben als die ursprünglichen großen Poren.

Jod und Wasserdampf schlagen sich bevorzugt in den kleineren Poren nieder. Diese Tatsache beruht auf der Erscheinung der Kapillarkondensation, die bei niedrigen Dampfdrücken zuerst in den kleinsten Poren stattfindet.

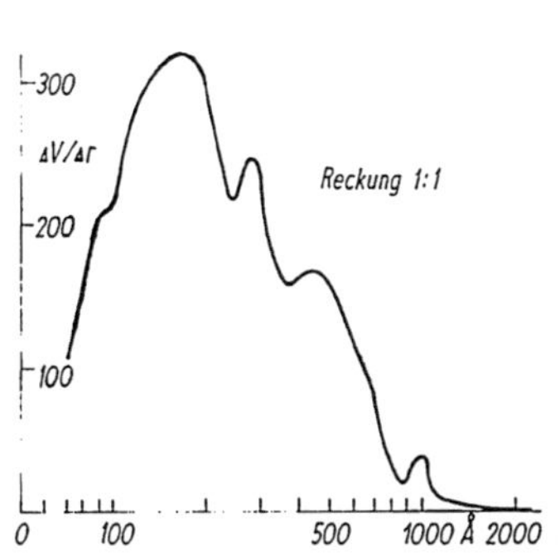

Bild 17

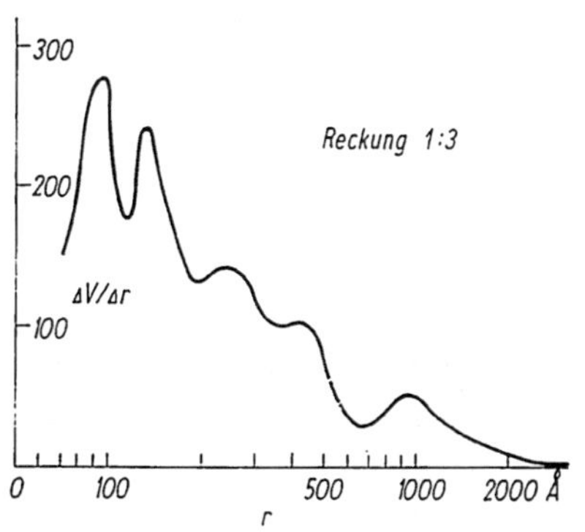

Bild 18

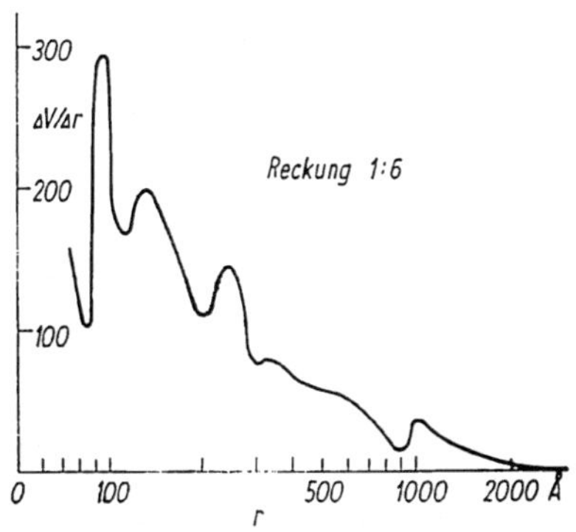

Bild 19

Bild 16 bis 19. Quecksilber-Hochdruck-Porosimetrie von PVY-Fasern (RC 5541)

Die Jodsorption ist offensichtlich eine Funktion der Oberfläche und erst dann für Strukturuntersuchungen heranzuziehen, wenn die spezifische Oberfläche nahezu konstant bleibt.

Dagegen dringt Wasser beim WRV bevorzugt in die größeren Hohlräume ein. Deren Abnahme mit der Reckung bewirkt auch einen Rückgang des WRV.

Die Benetzungswärme ist ebenfalls eine Funktion der spezifischen Oberfläche.

Dagegen zeigt es sich, daß Weitwinkel-Röntgen-Aufnahmen, Kraft-Dehnungs-Verhalten und Lösetest weitgehend unabhängig von der Hohlraumstruktur sind.

Aus den Röntgenaufnahmen und hier nicht beschriebenen UR-dichroitischen Untersuchungen kann auf eine zunehmende Orientierung durch die Reckung geschlossen werden. Auch die Ordnung und damit die „Kristallinität" nehmen bis zu einem gewissen Grade zu.

Aus der Erscheinung des Längens und Schrumpfens der PVY-Fasern RC 5541 in Salpetersäure, aus dem KDD und aus vorläufigen Ergebnissen der DTA ist auf eine Bildung neuer Bindungen mit der Reckung zu schließen, die etwa bei der Reckung 1:3 bis 1:4 wirksam werden. An diesem Punkt sind im KDD Fließ- und Nachfließbereich zu trennen; die Längung in Salpetersäure beim Lösetest zeigt ein Maximum, die Schrumpfung bei der gleichen Behandlung ist nur bei Verstreckungen gleich oder größer 1:3 zu beobachten. Im Thermogramm der Differentialthermoanalyse bildet sich bei dieser Reckung eine Schulter oberhalb des „Zersetzungspeaks", die auf eine weitere Wärmeumwandlung schließen läßt.

Über die Art dieser Bindungen läßt sich auf Grund der vorliegenden Untersuchungen nichts aussagen.

Ltieratur

[1] *Fester, W.*: Chemische und physikalisch-chemische Veränderungen von PVY-Fasern nach Wärmebehandlungen. Dissertation TH Aachen 1960.
[2] *Würthle, P.*: Beiträge zum Bleichen von PVY-Fasern. Dissertation TU Dresden, Institut für Textilchemie 1964.
[3] *Craig, J. P.*, *Knudsen, J. P.*, und *Holland, V. F.*: Characterization of acrylic. Textile Res. J. **32** (1962) 6, S. 435—448.
[4] *Wegener, W.*, und *Egbers, G.*: Mechanisch-technologische Eigenschaften und Struktur eines unbehandelten und eines thermisch behandelten PVY-Copolymerisats. Z. ges. Textilind. **68** (1966) 7, S. 502—508; S. 589—595; 9, S. 790—798.
[5] *Quynn, R. G.*: Internal volume in fibres. Textile Res. J. **33** (1963), S. 21—34.
[6] *Sheldon, R. P.*: Density and degree of crystallinity in polymers. J. Polymer Sci., B: Polymer Letters **1** (1963) S. 655—567.
[7] *Winkler, F.*: Dichtebestimmung an Faserstoffen. Forschungsbericht IFF Teltow-Seehof 380605 4—31/9.
[8] *Lenzer, M.*: Zur Kenntnis der Feinstrukturveränderungen von PVY-Fasern im Rahmen textiler Veredlungsprozesse. Dissertation TU Dresden, Institut für Textilchemie 1967.
[9] *Valentine, L.*: Studien über die Sorption von Wasserdampf durch Polymere. Sorption von Feuchtigkeit durch Textilfasern in bezug auf ihre molekulare Struktur. Ann. textiles belges (1955) 4, S. 206—230.
[10] *Valentine, L.*: Studies on the sorption of moisture by polymers. I. Effect of crystallinity. J. Polymer Sci. **27** (1958) 115, S. 313—333.
[11] *Chabert, J.*, und *Diemunsch, J.*: Contribution à l'étude de la sorption des fibres textiles. Bull. Inst. Textile France (1962) 99, S. 205—266.
[12] *Diemunsch, J.*, *Chabert, J.*, und *Banderet, A.*: Contribution à l'étude de la sorption des fibres textiles. II. Isothermes de sorption à 20°C de différentes fibres de polyacrylonitrile et de chlorure de polyvinyle. Bull. Inst. Textile France **19** (1965) 117, S. 201—227.
[13] *Wagner, E. F.*: Porosimetrie — eine Methode zur Charakterisierung von Faseroberflächen. Z. ges. Textilind. **68** (1966) 6, S. 417—427.
[14] *Jüntgen, H.*, und *Schwuger, M.*: Aussagekraft der Quecksilber-Porosimetrie bei der Charakterisierung poröser Stoffe. Chemie-Ing.-Technik **38** (1966) 12, S. 1271—1278.
[15] *Jellinek, H. H. G.*, und *Lynn, E. N.*: Immersionswärme von Polymeren in Wasser. J. Polymer Sci. **45** (1960) 145, S. 270—271.
[16] *Pakšver, A. B.*, und *Kasačkova, T. M.*: Neue Methode zur Charakterisierung der Struktur der PVY-Faser. Chim. Volokna (Chem. Fasern) (1961) 1, S. 22—24.
[17] *Fester, W.*: Untersuchungen über die Verfärbung von PVY. I. UR- und UV-spektroskopische Untersuchungen. Textil-Rdsch., St. Gallen **20** (1965) 1/2, S. 1—6.
[18] *Burlant, W. J.*, und *Parsons, J. L.*: Pyrolysis of Polyacrylonitrile. J. Polymer Sci. **22** (1956) S. 249.
[19] *Okamura, I.*: Studies on the acrylic fiber. III. On the mechanism of drawing of acrylonitrile-vinylidene copolymer fibres. J. Soc. Textile Cellulose Ind., Japan **14** (1958) 3, S. 133—134, 136—141.
[20] *Hurley, R. B.*, und *Tzentis, L. S.*: Density of polyacrylonitrile. J. Polymer Sci., B: Polymer Letters **1** (1963) 8, S. 423—426.
[21] *Brdicka, R.*: Grundlagen der physikalischen Chemie. 6. Aufl. Berlin: Deutscher Verlag der Wissenschaften 1967, Kap. 6.9.6., S. 551 ff.
[22] *Jänsch, J.*: Quellungs- und Lösetest zur Beurteilung des Fixiergrades von Dederon. Mitt. Inst. Textiltechnol. Chemiefasern Rudolstadt **5** (1961) 1, S. 8—13.
[23] *Michajlov, N. V.*, und *Fajnberg, E. Z.*: Untersuchung der molekularen Struktur synthetischer Fasern. XVI. Die Sorption des Wasserdampfes und die Benetzungswärme mit Wasser bei der Önanthfaser. Vysokomol. Soed. (Hochmol. Verbind.) **1** (1959) 3, S. 410—413.
[24] *Conley, R. T.*, und *Bieron, J. P.*: Untersuchung des oxydativen Abbaus von PVY unter Verwendung der IR-Spektroskopie. J. appl. Polymer Sci. **7** (1963) 5, S. 1757—1773.
[25] *Makschin, W.*, und *Ulbricht, J.*: Thermooxydativer Abbau von PVY. Vortrag zur Chemiedozententagung Dresden; 21. bis 23. 6. 1967.
[26] *Mehnert, E.*: Beiträge zur Erkennung von Faserschädigungen an Cellulose-, Polyacrylnitril- und Polyamid- und Polyesterfasern mit Hilfe der Ultrarotspektroskopie. Diplomarbeit TH Dresden, Institut für Textilchemie 1959.
[27] *Bell, J. W.*, und *Mulchandani, R. K.*: Beobachtung über den thermischen Abbau der Acrylfaser „Courtelle". II. Veränderungen der physikalischen Eigenschaften. J. Soc. Dyers Colourists **81** (1965) 2, S. 55—59.
[28] *Gröbe, V.*, und *Meyer, K.*: Untersuchungen über den Einfluß des Fällmittels auf die Fadenbildung beim Naßspinnen von PVY. Faserforsch. u. Textiltechnik **10** (1959) **5**, S. 214—224.
[29] *Ant-Wuorinen, O.*, und *Visapää, A.*: Diffraktrometrische Methode zur Bestimmung der Kristallinität der Cellulose. Paperi ja Puu, Helsinki (Papier und Holz) **43** (1961) 3, S. 105—110.
[30] *Gröbe, V.*: Zum Quellungsverhalten von PVY-Fasern. Faserforsch. u. Textiltechnik **10** (1959) S. 232.
Weitere Literaturangaben zum Thema siehe Dissertation Dipl.-Chem. *Ingrid Grosse*, TU Dresden, Mathematisch-Naturwissenschaftliche Fakultät 1968.

Eingegangen am 6. Januar. 1969

Zur Copolymerisation von Acrylnitril mit N-Allylglycin und N-Allyl-β-alanin

Hans Reichert und Volker Gröbe

Deutsche Akademie der Wissenshaften zu Berlin, Institut für Faserstoff-Forschung in Teltow-Seehof

DK [678.6/.7-13.02:66.095.26]:547.339.211
547.466.22/.23:546.131'47:546.212:66.062.855.2:541.127.1

Acrylnitril wurde mit N-Allylglycin und N-Allyl-β-alanin in wäßriger $ZnCl_2$-Lösung und in Wasser/Dimethylformamid-Mischung copolymerisiert. Dabei wurden die Copolymerisationsgeschwindigkeiten und -parameter bestimmt und diskutiert.

К вопросу о сополимеризации акрилонитрила с N-аллилглицином и N-аллил-β-аланином

Осуществлена сополимеризация акрилонитрила с N-аллилглицином и N-аллил-β-аланином в водном растворе $ZnCl_2$ и смеси воды с диметилформамидом. Определены и обсуждены параметры и константы скорости реакции сополимеризации.

Copolymerisation of Acrylonitrile with N-Allyl Glycine and N-Allyl-β-Alanine

Copolymerisation of acrylonitrile with N-allyl glycine and N-allyl-β-alanine have been carried out in aqueous $ZnCl_2$ solutions and water/dimethylformamide mixture. The copolymerisation parameters and rates of copolymerisation are determined and discussed.

1. Einleitung

Für die Herstellung von basisch und sauer anfärbbaren Acrylfaserstoffen ist in der Patentliteratur eine Reihe mit Acrylnitril copolymerisierbarer Vinyl- und Acrylverbindungen vorgeschlagen worden, die neben einer basischen N-Gruppierung zugleich eine Sulfonat-, Schwefelsäurehalbester- oder Carboxylgruppe enthalten. In einer vorausgegangenen Arbeit [1] sind wir bereits darauf eingegangen und brachten eigene Untersuchungen mit N-Allylaminosulfonaten.

Wir haben nun in Ergänzung zu dieser Arbeit auch N-Allylaminocarbonsäuren synthetisiert und mit Acrylnitril copolymerisiert. Dabei kam es uns zunächst darauf an, die Reaktivitätsverhältnisse und Bruttogeschwindigkeiten der Copolymerisation zu ermitteln.

In einer späteren Arbeit werden wir dann auf den Unterschied in der Anfärbbarkeit der entsprechenden Acrylfasern eingehen.

2. Experimentelles

2.1. Monomere, Polymerisationsmedium und Initiatoren

Als Comonomere wählten wir N-Allylglycin (AG) und N-Allyl-β-alanin (AL). Wir stellten die Verbindungen über die Ester her, da diese leicht durch Destillation aus dem Reaktionsgemisch abgetrennt werden können. Nach *A. J. Speziale* und *E. G. Jaworski* [2] lassen sich die Ester vorteilhaft aus Allylamin und Bromessigsäureäthylester bzw. Äthylacrylat herstellen. Folgende Vorschriften wurden erarbeitet:

N-Allylglycin: Zu einer Mischung von 114 g Allylamin (2 mol) und 300 ml Äther werden unter Rühren bei 0 bis 5 °C 167 g Bromessigsäureäthylester (1 mol) innerhalb 1 h zugetropft. Nach 6 h weiteren Rührens filtriert man das ausgefallene Allylaminhydrobromid ab. Aus dem Filtrat wird zunächst der Äther entfernt und dann der Allylglycinester im Vakuum über eine 20-cm-Vigreux-Kolonne abdestilliert: Kp_{30} 88 bis 89 °C, n_D^{25} 1,4351, Ausbeute 90 g (63% der Theorie). 90 g des Esters werden zu einer Lösung von 60 g $Ba(OH)_2$ in 385 ml Wasser gegeben. Nach 12 h Sieden liegt eine klare Lösung vor. Nach Neutralisation mit verdünnter Schwefelsäure zentrifugiert man das ausgefallene $BaSO_4$ ab. Die klare Lösung wird im Vakuum eingeengt. Durch Zugabe von Aceton fällt das gebildete Allylglycin aus: Rohausbeute 70 g (97% der Theorie). Umkristallisation aus Äthanol, F = 168 bis 170 °C.

N-Allyl-β-Alanin: Zu einer Mischung von 200 g Äthylacrylat (2 mol), 1 l Alkohol und 0,5 g Hydrochinon werden unter Rühren 114 g Allylamin (2 mol) innerhalb 15 min zugetropft, wobei die Temperatur bis etwa 40 °C ansteigt. Die Reaktionslösung bleibt 2 Tage stehen und wird dann im Vakuum fraktioniert destilliert. Der Allylalaninester geht bei Kp_{12} 81 °C über; n_D^{25} 1,4390, Ausbeute 251 g (80% der Theorie). 251 g des Esters werden zu einer 12,5%igen wäßrigen Lösung von $Ba(OH)_2$ gegeben. Nach 24 h Sieden liegt eine klare Lösung vor, die wie oben weiter behandelt wird. Nach dreimaliger Umkristallisation aus Äthanol: Ausbeute 89 g (43,3% der Theorie), F 139 bis 140 °C.

Analysenwerte:		N [%][1])	COOH[2]) [%]	JZ[3])
AG: $CH_2{=}CH{-}CH_2{-}NH{-}CH_2{-}COOH$				
	gef.	12,22	39,23	220
	ber.	12,17	39,10	220,5
AL: $CH_2{=}CH{-}CH_2{-}NH{-}(CH_2)_2COOH$				
	gef.	10,92	34,97	215
	ber.	10,85	34,86	197

[1]) nach *Kjeldahl*
[2]) durch potentiometrische Titration einer alkoholischen Lösung mit n/10 NaOH
[3]) durch Bromaddition nach *Critchfield*

Das verwendete Acrylnitril (ACN) war nach dem *Sohio*-Verfahren hergestellt. Es wurde über $CaCl_2$ getrocknet und über eine 40-cm-Vigreux-Kolonne unter Stickstoff bei 100 Torr und 23,5 °C destilliert: D_{20} 0,805, n_D^{20} 1,3920.

Die synthetisierten Allylaminocarbonsäuren sind in den für Polyacrylnitril gebräuchlichen organischen Lösungsmitteln wie Dimethylformamid (DMF), Dimethylsulfoxid, Äthylencarbonat oder Butyrolacton nicht oder nur sehr wenig löslich. Hinreichend lösen sie sich jedoch ebenso wie ACN in 60%iger wäßriger $ZnCl_2$-Lösung. Wir verwendeten deshalb als Copolymerisationsmedium dieses Lösungsmittel, in dem auch die gebildeten Copolymeren löslich sind, also eine homogene Lösungspolymerisation stattfindet. Es wurde ein Zinkchlorid vom Reinheitsgrad „p. a." eingesetzt. Die 60%ige wäßrige Lösung hatte ein spezifisches Gewicht von 1,718 (bei 20 °C).

Weiterhin fanden wir eine hinreichende Löslichkeit der Comonomeren in einer Mischung aus 40% DMF und 60% H_2O. Allerdings fiel hier das Copolymere bei allen Mischungsverhältnissen der Monomeren aus. Wir haben auch diese heterogene Fällungscopolymerisation untersucht, um die Ergebnisse, die aus den schwer zu reinigenden Proben der Copolymerisation in $ZnCl_2$-Lösung ermittelt wurden, zu ergänzen. Das verwendete DMF hatte folgende physikalische Daten: Kp_{12} 45 °C, D_{20} 0,946, n_D^{20} 1,4308.

Als Polymerisationsinitiatoren verwendeten wir Azodiisobutyronitril (AIBN) und Ammoniumperoxydisulfat (APS).

2.2. *Polymerisation*

Die für die Copolymerisation bestimmten Lösungen wurden in 50-ml-Meßkolben hergestellt und in Ampullen umgefüllt, in denen sie im Vakuum durch dreimaligen Wechsel von Einfrieren und Auftauen entgast wurden. Bei Einsatz von $ZnCl_2$-Lösungen gaben wir den Ampulleninhalt unter Stickstoff in ein 40 ml fassendes Dilatometer, in dem die Lösungspolymerisation bei 50 °C $\pm$ 0,015 grd stattfand. Dagegen führten wir die in H_2O/DMF-Mischung heterogen verlaufende Copolymerisation direkt in den mit Stickstoff beschickten Ampullen bei 50 °C durch.

Der Polymerisationsprozeß wurde nach geringem Umsatz durch Abkühlung auf ca. -60 °C abgebrochen. Aus den $ZnCl_2$-Lösungen fällten wir das Copolymere mittels Methanol, in dem die Monomeren und $ZnCl_2$ löslich sind. Die Homopolymeren aus den Allylaminosäuren wurden mit Essigester gefällt und mehrmals aus Methanollösung umgefällt.

Den Umsatz bestimmten wir gravimetrisch, wobei noch anhaftendes, analytisch ermitteltes $ZnCl_2$ berücksichtigt wurde. Auf Grund der Umsatzbestimmungen und dilatometrischen Messungen berechneten wir die Bruttopolymerisationsgeschwindigkeiten (v_{Br}). Die Zusammensetzung der Copolymeren wurde durch Stickstoffanalysen nach *Kjeldahl* ermittelt. Wenn ein Restgehalt an $ZnCl_2$ vorlag, wurde eine Korrektur der gefundenen Stickstoffwerte vorgenommen.

3. *Ergebnisse und Diskussionen*

3.1. *Die Copolymerisationsparameter*

3.1.1. *Homogenes Medium*

In Tabelle 1 sind die analytischen Daten der in wäßriger $ZnCl_2$-Lösung hergestellten Copolymeren angegeben. Die Zusammensetzung der Copolymerisate ist außerdem in Bild 1 über der entsprechenden Zusammensetzung der Monomeren-Ausgangsmischung graphisch aufgetragen.

Tabelle 1. Copolymerisation von Acrylnitril (ACN) und Allylglycin (AG) bzw. Allyl-β-Alanin (AL) in wäßriger $ZnCl_2$-Lösung bei 50 °C.

(3,8 mol/l Gesamtmonomeres und $3{,}125 \cdot 10^{-3}$ bzw. *$1{,}25 \cdot 10^{-2}$* (*) mol/l *Ammoniumperoxydisulfat)*

Nr.	mol-% AG bzw. AL im Monomeren	Umsatz [%]	N (korr.) [%]	mol % AG bzw. AL im Copolymeren
ACN 12	—	9,69	25,86	—
AG 14	14,53	10,90	24,69	3,77
AG 15	23,32	7,22	23,68	7,19
AG 16	34,53	5,28	22,15	13,04
AG 17	48,10	6,96	21,11	17,39
AG 18	64,87	6,08	19,03	27,45
AG 25	100	2,22	10,71	100
AL 10	12,17	9,50	24,56	3,58
AL 12	30,53	5,78	22,81	9,00
AL 13	42,51	5,09	21,34	14,23
AL 14	60,08	5,00	19,19	23,26
AL 15	67,00	6,45	17,93	29,52
AL 18	100	6,08	10,15	100

Bei der Bestimmung der r-Werte haben wir nun nicht nach der gebräuchlichen Copolymerisationsgleichung, sondern nach der durch Integration erhaltenen Beziehung von *Mayo* und *Lewis* gerechnet [3]. Das hatte folgenden Grund:

Je mehr Aminocarbonsäure im Copolymerisationssystem enthalten war, desto schwieriger gestaltete sich die Abtrennung des $ZnCl_2$ vom Copolymerisat. Ansätze mit > 65 mol-% Aminocarbonsäure wurden deshalb nicht mehr ausgewertet. Somit konnte der gesamte Bereich der Monomeren-Verhältnisse experimentell nicht erfaßt werden. Das sollte sich in Anbetracht der zu erwartenden großen Unterschiede der r-Werte (ACN: $r_1 > 1$, AG und AL: $r_2 < 1$) besonders in einer Ungenauigkeit der kleineren r_2-Werte auswirken [4]. Weiterhin war mit einem erhöhten „Driften" der Copolymerzusammensetzung bei zunehmendem Umsatz zu rechnen [5]. Durch Benutzung der integrierten Form der Copolymerisationsgleichung war es möglich, mit den zur Verfügung stehenden Meßpunkten (Bild 1) eine genauere Bestimmung der r-Werte vorzunehmen.

Die für die Bestimmung der r-Werte umgruppierte Gleichung von *Mayo* und *Lewis* lautet:

$$r_2 = \frac{\log \frac{[M_2]_0}{[M_2]} - \frac{1}{p} \log \frac{1 - p\,([M_1]/[M_2])}{1 - p\,([M_1]_0/[M_2]_0)}}{\log \frac{[M_1]_0}{[M_1]} + \log \frac{1 - p\,([M_1]/[M_2])}{1 - p\,([M_1]_0/[M_2]_0)}}, \tag{1}$$

wobei $p = 1 - r_1/1 - r_2$. Für $[M_1]_0$ und $[M_2]_0$ setzten wir die Molfraktionen der Comonomeren zu Beginn der Copolymerisation ein. Die Molkonzentrationen der Comonomeren nach bestimmtem Umsatz ($[M_1]$ und $[M_2]$) errechneten wir entsprechend folgender Beziehung [6]:

$$[M_1] = [M_1]_0 - F_1 \cdot U \cdot [M]_0, \tag{2}$$
$$[M_2] = [M_2]_0 - F_2 \cdot U \cdot [M]_0,$$

wobei $[M]_0$ die Ausgangskonzentration des Monomerengemisches (= 1), F_1 und F_2 die Molfraktionen der Komponenten im Copolymeren und U der Umsatz zu Polymerem (bezogen auf $[M]_0 = 1$) bedeuten.

Setzt man nun in Gleichung (1) geeignete p-Werte ein, so erhält man r-Werte, die bei graphischer Auftragung von r_1 gegen r_2 sich schneidende Geraden ergeben. Aus den Schnittpunkten wird dann in üblicher Weise der Mittelwert bestimmt. Wir werteten die Versuche AG 15, 17, 18 und AL 12, 13, 14, 15 aus (siehe Tabelle 1) und erhielten folgende Mittelwerte:

ACN $r_1 = 3{,}90 \pm 0{,}15$ ACN $r_1 = 4{,}25 \pm 0{,}15$

AG $r_2 = 0{,}07 \pm 0{,}03$ AL $r_2 = 0{,}09 \pm 0{,}03$.

Um die Gültigkeit der gefundenen r-Werte zu kontrollieren, haben wir uns einer von *Meyer* und *Lowry* aus der bekannten *Skeist*-Formel erhaltenen Gleichung bedient [7]:

$$\left(\frac{[M]}{[M]_0}\right)^{1 + r_1 r_2 - r_1 r_2} = \left(\frac{f_1}{f_{10}}\right)^{r_2 - r_1 r_2} \left(\frac{f_2}{f_{20}}\right)^{r_1 - r_1 r_2} \times \left(\frac{(1 - r_2)\, f_{20} - (1 - r_1)\, f_{10}}{(1 - r_2)\, f_2 - (1 - r_1)\, f_1}\right)^{1 - r_1 r_2}, \tag{3}$$

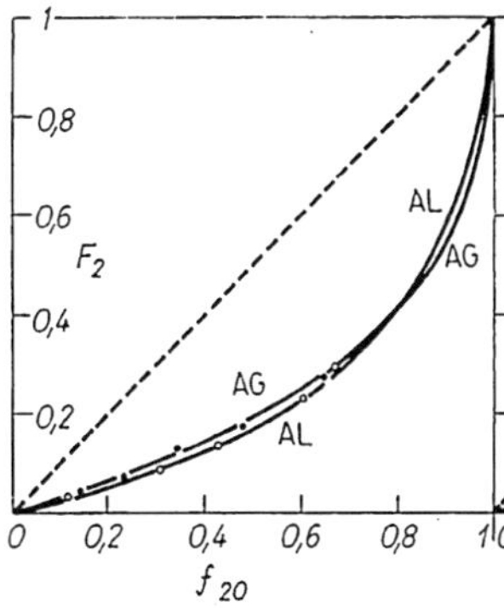

Bild 1
Lösungs-Copolymerisation in wäßriger $ZnCl_2$-Lösung

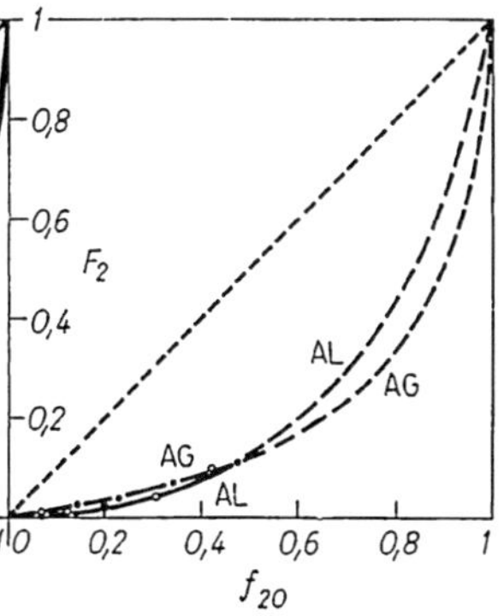

Bild 2
Fällungs-Copolymerisation in Wasser/DMF-Mischung

f_{20} = Molfraktion Allylglycin (AG) bzw. Allyl-β-Alanin (AL) im Monomerengemisch (im Anfang)
F_2 = Molfraktion Allylglycin (AG) bzw. Allyl-β-Alanin (AL) im Copolymeren (nach geringem Umsatz)
Comonomeres: Acrylnitril

wobei $[M]/[M]_0 = 1 - U$, f_{10} und f_{20} die Molfraktionen der Comonomeren zu Beginn der Copolymerisation, f_1 und f_2 die Molfraktionen der Comonomeren nach bestimmtem Umsatz bedeuten. Durch Einsetzen von f_1- bzw. f_2-Werten, die unter Berücksichtigung der Regeln des „Driftens" gewählt wurden, erhielten wir die dazugehörigen Umsätze zu Polymerem (U) [6]. Nach Gleichung (2) bestimmten wir dann die Copolymerzusammensetzungen (F_1, F_2) und verglichen diese zurückgerechneten Werte mit den experimentell gefundenen sowie mit den aus der gebräuchlichen, nichtintegrierten Copolymerisationsgleichung von *Mayo* und *Lewis* ermittelten Werten (Tabelle 2).

Wie zu erwarten war, liegen die letzteren Werte, bei denen der Umsatz nicht berücksichtigt wurde, niedriger als die experimentellen Werte. Dagegen weisen die unter Berücksichtigung des Umsatzes errechneten Copolymerzusammensetzungen gute Übereinstimmung mit den gefundenen Werten auf.

Weiterhin zeigt sich die charakteristische Zunahme („Driften") des Anteils der geringer einpolymerisierenden Komponente (M_2) im Copolymeren mit steigendem Umsatz. Der Effekt erhöht sich außerdem mit zunehmender Konzentration dieser Komponente im Monomerengemisch. Das steht wiederum in Übereinstimmung mit den einseitigen und in Richtung höherer M_2-Konzentration (f_{20}-Werte) ausbiegenden Verlauf der Copolymerisationskurven (Bild 1).

Vergleicht man nun die beiden Allylkomponenten AG und AL anhand der Copolymerisationskurven und r-Werte miteinander, so ist kein erheblicher Unterschied festzustellen. Wir berechneten nach der bekannten Beziehung von *Alfrey* und *Price* die Strukturwerte und erhielten

	AG	AL	Bezugswerte ACN (n. *Young*)
e_2	+0,06	+0,22	(e_1 +1,20)
Q_2	0,039	0,044	(Q_1 0,60).

Die annähernd gleichen, niedrigen Q-Werte sind ausschlaggebend für das ähnliche Copolymerisationsverhalten: Gegenüber ACN bilden die Allylverbindungen bei der Anlagerung weniger resonanzstabilisierte Radikale. Entsprechend werden ihre Reaktionsfähigkeiten herabgesetzt. Die positiven e-Werte weisen auf die Eigenschaft der Amingruppe als Elektronenakzeptor hin, wobei der Effekt bei der β-Alaninverbindung erwartungsgemäß etwas stärker als bei der Glycinverbindung auftritt. Entsprechend ist die Reaktivität gegenüber ACN bei der β-Alaninverbindung etwas geringer als bei der Glycinverbindung.

3.1.2. Heterogenes Medium

Die Zusammensetzung der in Wasser/DMF-Mischung hergestellten Copolymeren ist in Tabelle 3 aufgeführt. Gegenüber den in wäßriger $ZnCl_2$-Lösung polymerisierten Produkten wurden etwas niedrigere Anteile der Allylkomponente im Copolymeren gefunden. Bild 2 zeigt den entsprechend abweichenden Verlauf der Copolymerisationskurven. Diese Abweichung kann nach den von *J. Brandrup* [8] entwickelten Vorstellungen der Heterogenität des Polymerisationsmediums zugeschrieben werden. Die durch Adsorptionsvorgänge hervorgerufenen Veränderungen der Monomerkonzentration führen bei einer Auswertung zu nur „scheinbaren" r-Werten. Trotzdem kann aber der geringfügige Unterschied im Copolymerisationsverhalten der beiden Allylaminocarbonsäuren auch in diesem heterogenen System bestätigt werden.

Tabelle 2. Aus den r-Werten bestimmte F-Werte

Versuch Nr.	nach Gleichung von *Meyer* und *Lowry*			nach Gleichung von *Mayo* und *Lewis* (ohne Berücksichtigung von U)	experimentelle Werte	
	f_1	U [%]	F_2	F_2	U [%]	F_2
AG 15	0,76	4,000	0,0700	0,0658	7,219	0,0719
	0,75	9,416	0,0716			
AG 18	0,34	2,898	0,2708	0,2663	6,084	0,2745
	0,33	5,370	0,2733			
	0,32	7,770	0,2772			
AL 12	0,69	2,132	0,0895	0,0888	5,778	0,0900
	0,68	6,430	0,0914			
AL 14	0,39	2,433	0,2319	0,2289	5,002	0,2326
	0,38	4,991	0,2353			

Tabelle 3. Copolymerisation von Acrylnitril (ACN) und Allylglycin (AG) bzw. Allyl-β-Alanin (AL) in wäßriger 40%iger Dimethylformamid-Lösung bei 50 °C
(3,8 mol/l Gesamtmonomeres und 2,5 · 10^{-2} mol/l Azodiisobutyronitril)

Nr.	mol-% AG bzw. AL im Monomeren	Umsatz [%]	N.. [%]	mol-% AG bzw. AL im Copolymeren
ACN 1	—	4,92	26,28	—
AG 5	6,58	2,96	26,07	0,69
AG 6	14,53	1,94	25,46	2,78
AG 7	23,32	2,63	25,24	3,55
AG 8	34,53	2,05	24,30	7,02
AG 9	48,10	2,14	23,28	11,13
AL 2	5,78	4,10	25,86	1,14
AL 3	12,17	4,42	25,71	1,56
AL 4	20,16	3,36	25,30	2,72
AL 5	30,53	2,97	24,69	4,53
AL 6	42,51	1,79	22,77	10,15

Tabelle 4. Umsatzgeschwindigkeit der Copolymerisation von Acrylnitril mit Allylglycin (AG) bzw Allyl-β-Alanin (AL)
a) in homogenem Medium (wäßriger $ZnCl_2$-Lösung) bei 1,25· 10^{-2} mol/l AIBN
b) in heterogenem Medium (wäßriger DMF-Lösung) bei 2,50 · 10^{-2} mol/l AIBN
Monomerkonzentration 3,8 mol/l

AG [mol-%]	U/t [% h] a)	U/t [% h] b	AL [mol-%]	U/t [% h] a	U/t [% h] b
0	0,83	0,31	0	0,83	0,31
6,58	0,32	0,20	5,78	0,37	0,14
14,53	0,12	0,13	12,17	0,16	0,07
23,32	0,05	0,09	20,16	0,06	0,05
34,53	0,02	0,05	30,53	0,03	0,04
48,10	0,008	0,02	42,51	0,009	0,01
64,87	0,002	0,004	60,08	0,003	0,002

3.2. Die Polymerisationsgeschwindigkeiten

Die im homogenen System (wäßrige $ZnCl_2$-Lösung) ermittelten Bruttogeschwindigkeiten (v_{Br}) der Copolymerisation wurden in Bild 3 gegen das Monomerenverhältnis der Ausgangsmischung graphisch aufgetragen. Man erkennt eine charakteristische Abnahme von v_{Br}, wie sie bereits früher bei der Copolymerisation von ACN mit Methallylmethyltaurin-Na festgestellt worden war und allgemein durch Aminverbindungen hervorgerufen wird [1]. Die beiden Allylaminocarbonsäuren zeigen dabei praktisch den gleichen Effekt. Entsprechend sind auch die *Melville*schen Φ-Werte als Ausdruck des Verhältnisses der Abbruchreaktionen zwischen verschiedenartigen und gleichartigen Radikalen übereinstimmend. Sie wurden wie bei dem System ACN/

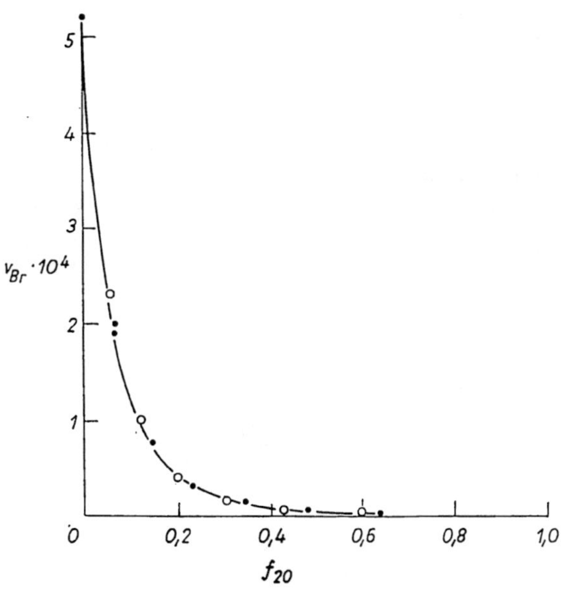

Bild 3. Abhängigkeit der Bruttogeschwindigkeit der Copolymerisation von ACN mit AG (•—•) bzw. AL (○—○) in wäßriger $ZnCl_2$-Lösung von dem Anfangsverhältnis der Monomeren (Molfraktionen).
(3,8 mol/l Gesamtmonomeres, 1,25 · 10^{-2} mol/l AIBN, 50°C)

Methallylmethyltaurin/Na in der Größenordnung 10^3 gefunden, wobei ebenfalls ein Ansteig mit zunehmendem Anteil der Aminkomponente zu verzeichnen war.

Wir haben weiterhin die Geschwindigkeit des Umsatzes zu Polymeren in der wäßrigen $ZnCl_2$-Lösung mit derjenigen in der Wasser/DMF-Mischung verglichen (Tabelle 4). Auch in dem heterogenen Medium ist eine Abnahme der Umsatzgeschwindigkeit bei zunehmendem Anteil der Aminkomponenten im Monomerengemisch zu verzeicheen. Jedoch liegen die Werte bei geringem bzw. keinem Aminanteil wesentlich niedriger als bei der homogenen Copolymerisation in wäßriger $ZnCl_2$-Lösung. Die Ursache ist in der Ausbildung reaktionsträger Radikale bei den Übertragungsreaktionen („degradativ") zu suchen, die zwischen dem wachsenden Polymerradikal und DMF stattfinden [9]. Bei größerem Aminanteil wirkt sich jedoch die degradative Übertragungsreaktion zu dieser Komponente stärker aus, so daß sich die Geschwindigkeiten in beiden Medien nähern.

4. Zusammenfassung

Aus Allylamin und Bromessigsäureäthylester bzw. Acrylsäureäthylester wurden die Allylglycin- bzw. Allylalanin-Ester hergestellt, aus denen dann durch Hydrolyse die freien Carbonsäuren gewonnen wurden. Diese Verbindungen zeigen bei der Copolymerisation mit Acrylnitril sowohl in homogener (wäßrige $ZnCl_2$-Lösung) als auch in heterogener (Wasser/Dimethylformamid-Mischung) Phase geringe Reaktivität. Mit Hilfe der integrierten Form der Copolymerisationsgleichung von *Mayo* und *Lewis* wurden die *r*-Werte bestimmt, aus denen dann nach der *Alfrey/Price*-Beziehung die *e*- und *Q*-Werte berechnet wurden.

Beide Allylaminocarbonsäuren differieren im Copolymerisationsverhalten nicht wesentlich. Die *Q*-Werte sind annähernd gleich, nur in den *e*-Werten ist ein etwas größerer Unterschied zu verzeichnen. Die Eigenschaft der Amingruppe als Elektronenacceptor tritt in den positiven *e*-Werten hervor. Die geringe Resonanzstabilität der Allylradikale drückt sich in den niedrigen *Q*-Werten aus.

Die Bruttogeschwindigkeit der Copolymerisation wird in starkem Maße von der Aminkomponente beeinflußt. Mit zunehmendem Anteil dieser Komponente im Monomerengemisch nimmt v_{Br} in charakteristischer Weise ab. Diese Abnahme ist auf degradative Übertragungsreaktionen zurückzuführen.

Literatur

[1] *Gröbe, V.*, und *Reichert, H.*: Zur Copolymerisation von Acrylnitril mit N-Allyl- und N-Methallyl-N-methyl-aminoäthansulfonaten. Faserforsch. u. Textiltechnik **20** (1969) 3, S. 131-137.

[2] *Speziale, A. I.*, und *Jaworski, E. G.*: N-Substituted Glycinate and Alaninate Esters. J. Org. Chem. **25** (1960) S. 728—732.

[3] *Mayo, F. R.*, und *Lewis, F. M.*: A Basis for Comparing the Behavior of Monomers in Copolymerization. J. Amer. Chem. Soc. **66** (1944) S. 1594—1601.

[4] *Turner, A.*, *Bohrer, I.*, und *Mark, H.*: Copolymerization. New York: Interscience Publ. 1952.

[5] *Montgomery, D. R.*, und *Fry, Ch. E.*: Calculation of Relative Reactivity Ratios from Composition-Conversion Data through. Use of a Computer. J. amer. Chem. Soc., Polymer Preprints 8 (1967) 1, S. 216—220.

[6] *Kruse, R. L.*: The Simplified Calculation of Average Copolymer Composition versus Extent of Polymerization. J. Polymer. Sci., B: Polymer Letters **5** (1967) 5, S. 437 bis 440.

[7] *Meyer, V. E.*, und *Lowry, G. G.*: Integral and Differential Binary Copolymerization Equations. J. Polymer. Sci. A-**3** (1965) S. 2843—2851.

[8] *Brandrup, J.*: Copolymerisation in heterogenem Medium. Faserforsch. u. Textiltechnik **12** (1961) 4, S. 133—140 u. 5, S. 208—213.

[9] *Ulbricht, J.*: Zur Kinetik der homogenen Lösungspolymerisation von Acrylnitril. Teil II: Übertragungsreaktion. Faserforsch. u. Textiltechnik **10** (1959) 4, S. 166 bis 172.

Eingegangen am 9. Januar 1969

Untersuchungen zur thermischen Verfärbung des Polyacrylnitrils. Thermische Abspaltung von Blausäure aus Polyacrylnitril

Werner Makschin

Deutsche Akademie der Wissenschaften zu Berlin, Institut für Faserstoff-Forschung in Teltow-Seehof

Joachim Ulbricht

TH für Chemie „Carl Schorlemmer" Leuna-Merseburg, Institut für Hochpolymere

DK 678.745.32:541.124:541.651
[542.951.9:546.267]

In Gegenwart von Sauerstoff spaltet Polyacrylnitril oberhalb 150 °C HCN ab. Die freigesetzte Menge ist proportional der Temperatur und Dauer des Erhitzens; die Aktivierungsenergie beträgt 22 kcal/mol. Als Primärreaktion wird die Peroxygenierung des Polyacrylnitrils in β-Stellung angesehen. Die HCN-Abspaltung erfolgt aus den Folgeprodukten des Hydroperoxidzerfalls. Strukturanomalien, wie z. B. Ketenimingruppen, die beim Abbruch der Polymerisation in den Polymeren gebildet werden, bewirken eine beschleunigte HCN-Entwicklung. Die verstärkte thermische Verfärbung des Polyacrylnitrils in Gegenwart von Sauerstoff steht nicht im direkten Zusammenhang mit der Blausäureabspaltung. Ein vollständiger Reaktionsmechanismus wird diskutiert.

Исследование процесса термического потемнения полиакрилонитрила. Термическое выделение синильной кислоты из полиакрилонитрила

В присутствии кислорода при температуре выше 150 °C из полиакрилонитрила выделяется синильная кислота. Освободившееся количество пропорционально температуре и продолжительности нагрева; энергия активации реакции равняется 22 ккал/моль. В качестве первичной реакции можно предположить образование пероксидных групп в β-положении полиакрилонитрила. Выделение синильной кислоты протекает при разложении продуктов распада гидроперекиси. Аномальные структуры, как, например, кетениминные группы, образующиеся в полимерах при обрыве цепи в процессе полимеризации, ускоряют выделение синильной кислоты. Усиленное термическое потемнение полиакрилонитрила в присутствии кислорода не находится в прямой связи с выделением синильной кислоты. В заключение обсужден подробный механизм реакции.

Investigations on the Thermal Discolouration of Polyacrylonitrile. Thermal Release of Hydrocyanic Acid from Polyacrylonitrile

Polyacrylonitrile was found to release HCN above 150°C in the presence of oxygen, the amount of HCN released being proportional to the temperature and time of heating. The activation energy was 22 kcal/mol. Peroxygenation in β-position of the polymer is considered to be the initial step followed by release of HCN from the degradation products of hydroperoxide. Structural anomalies, e.g. ketene imine groups formed on chain termination in the polymerisation process, are acting as accelerators of the HCN release. No immediate correlation between the discolouration promoted by oxygen and HCN release was found. A mechanism covering all reactions involved is discussed.

1. Einleitung

Bei der thermischen Behandlung von Polyacrylnitril ist häufig ein schwacher Geruch nach Blausäure festzustellen. Eine solche Zersetzungsreaktion könnte im Zusammenhang mit der Verfärbung stehen, die beim Erhitzen des Polymeren auftritt.

In der Literatur werden über das Auftreten von Blausäure beim Erhitzen des Polyacrylnitrils widersprüchliche Angaben gemacht. Während nach *Houtz* [1] selbst beim Erhitzen auf 400 °C keine Blausäure gebildet wird, stellten spätere Arbeiten anderer Autoren eine meßbare HCN-Abspaltung bei 200, 210, 220, ja bereits oberhalb 120 °C [2] fest. Selbst bei der Polymerisation des Acrylnitrils wurde das Auftreten von HCN beobachtet [3, 4]. Während die freigesetzte Menge einmal wesentlich von der Erhitzungstemperatur abhängt [5 bis 9], stellten andere Autoren in einem größeren Temperaturbereich keine Abhängigkeit fest [10]. Ebenso widersprüchliche Ergebnisse liegen über den Zusammenhang zwischen der Dauer des Erhitzens und der entstehenden HCN-Menge vor. Während die HCN-Menge einmal mit der Erhitzungsdauer zunimmt [8], konnte ein anderes Mal ein Zusammenhang gar nicht [7, 10] oder nur bei Temperaturen unterhalb 200 °C [5] gefunden werden. Ganz ähnlich verhält es sich mit der Frage, ob die HCN-Abspaltung an der Luft und in inerter Atmosphäre unterschiedlich ist [5, 9] oder nicht [8, 10].

Aus unseren thermogravimetrischen Untersuchungen [11] ergaben sich keine Hinweise für das Auftreten flüchtiger Zersetzungsprodukte beim Erhitzen im Vakuum bis zu 250 °C. Der Gewichtsverlust der Proben betrug bis zu dieser Temperatur $< 0{,}5\%$. Unter bestimmten Bedingungen konnten wir jedoch eine thermische Abspaltung von Blausäure aus Polyacrylnitril nachweisen und messend verfolgen, worüber in der vorliegenden Mitteilung berichtet werden soll.

2. *Experimentelles*

Zur Messung der HCN-Abspaltung werden die Polymerproben in einem Glasschiffchen, das sich in einem liegenden Glasrohr befindet, erhitzt. Das Rohr ist mit einer Schliffkappe verschlossen, durch die ein Gasein- und ein Gasableitungsrohr und ein Thermometer, das bis unmittelbar an die Oberfläche der Polymerprobe reicht, geführt werden. Das Rohr wird in einem temperaturkonstanten Röhrenofen aus Glas erhitzt. Die Probe kann dabei gut beobachtet werden. Das Reaktionsrohr kann von einem beliebig variablen Gasstrom durchspült werden. Die Strömungsgeschwindigkeit wird an einem Staudruckmesser kontrolliert. Die freigesetzte Blausäure wird in eine mit etwa n/200 NaOH beschickte Vorlage mit Gaseinleitungsfritte überspült und dort mit n/100 $AgNO_3$ nach *Liebig* titrimetrisch bestimmt. Nach der Titration kann die gleiche Füllung der Vorlage weiter benutzt werden, da Parallelbestimmungen, bei denen die Vorlage nach jeder Titration neu beschickt wurde, zu übereinstimmenden Ergebnissen führten. Die Strömungsgeschwindigkeit des Spülgases wurde, soweit nicht anders vermerkt, auf 6 bis 7 l/h eingestellt. Die Polymeren wurden als Pulver mit einer Korngröße von 100 bis 300 µm eingesetzt. Die Herstellung der Polymeren erfolgte nach bekannten Methoden [11, 12]. Die Ultrarotspektren wurden mit dem Spektrographen UR 10 (VEB Carl Zeiss, Jena) aufgenommen.

Tabelle 1. Reaktionsgeschwindigkeitskonstanten der thermischen HCN-Abspaltung aus Polyacrylnitril an der Luft

T [°K]	$k \cdot 10^4$ [s⁻¹]
473	144,7
453	55,2
443	29,9
433	9,1
423	1,8

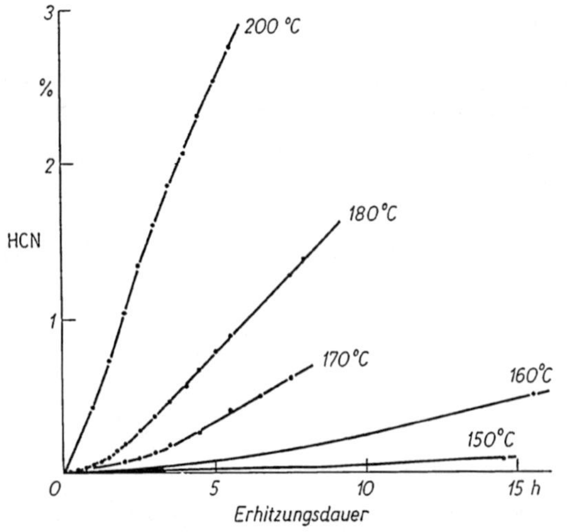

Bild 1. HCN-Abspaltung aus Polyacrylnitril unter Luftzutritt in Abhängigkeit von der Erhitzungsdauer und -temperatur

3. *Beschreibung der Versuchsergebnisse*

3.1. *Zeit- und Temperaturabhängigkeit der HCN-Abspaltung*

Im untersuchten Temperaturbereich von 150 bis 200 °C ist die freigesetzte HCN-Menge proportional der Erhitzungstemperatur. Die Versuchsergebnisse sind in Bild 1 zusammengefaßt[1]). Unter Zugrundelegung der annähernd linearen Kurventeile und der Voraussetzung einer Reaktion erster Ordnung errechnen sich die Reaktionsgeschwindigkeiten, wie in der Tabelle 1 aufgeführt. Für den Temperaturbereich von 170 bis 200 °C ergibt sich daraus für die HCN-Abspaltung unter Luftzutritt eine Aktivierungsenergie nach *Arrhenius* von etwa 22 kcal/mol.

Straus und *Madorsky* [6] fanden, daß die Reaktionsgeschwindigkeit des thermischen Abbaus von Polyacrylnitril bei 218 bis 260 °C im Vakuum mit fortschreitendem Abbau ein Maximum durchläuft. Die Aktivierungsenergie dieser Reaktion bestimmten sie unter Bezug auf die erwähnten Maxima zu 31 kcal/mol. Aus der Anfangsgeschwindigkeit berechnete *Monahan* [13] eine Aktivierungsenergie von 15 kcal/mol. Der Unterschied in den gefundenen Aktivierungsenergien deutet auf das Vorliegen unterschiedlicher Reaktionsmechanismen hin.

[1]) Die hier und im folgenden genannten % HCN beziehen sich immer auf die Menge HCN, die theoretisch entstehen könnte, wenn alle Nitrilgruppen des Polyacrylnitrils als HCN abgespalten würden.

Tabelle 2. HCN-Abspaltung aus PVY beim Erhitzen unter Stickstoff auf 180 °C

Proben-Nr.	1	2	3	4	5*)	6*)	7*)
Erhitzungsdauer Stunden	14,3	14	16	24	20	21	15,3
% HCN	0,20	0,40	0,40	0,33	0,20	0,23	0,26

*) Probe 5 + 6 unter Stickstoff ausgeheizt; Probe 7 im Vakuum entgast, mit Stickstoff belüftet.

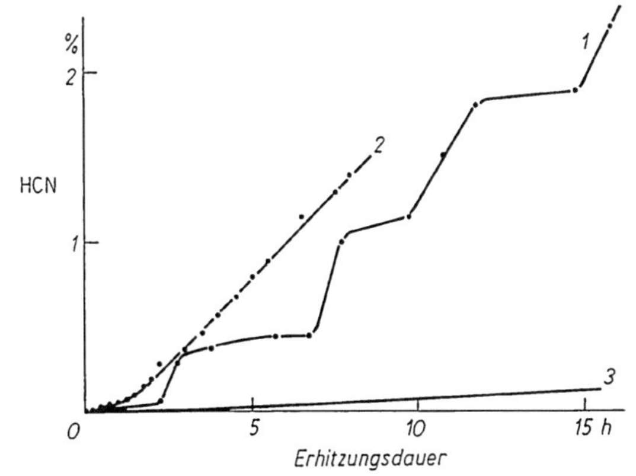

Bild 2. HCN-Abspaltung beim Erhitzen von PVY auf 180 °C
2. an der Luft
3. unter Stickstoff
1. abwechselnd unter Stickstoff oder Luft (Luft = steile Kurventeile)

3.2. *Einfluß des Reaktionsmediums*

3.2.1. *Zersetzung unter Stickstoff*

Die unterschiedlichen Bedingungen bei den im vorigen Abschnitt beschriebenen Versuchen lassen den Einfluß des Luftsauerstoffs auf die HCN-Abspaltung vermuten. Tatsächlich stellten wir in dem von uns untersuchten Temperaturbereich nur in Gegenwart von Luftsauerstoff eine Abspaltung mit gut meßbarer Geschwindigkeit fest. Unter Stickstoff ist sie um mehr als eine Zehnerpotenz geringer und damit an der Grenze der Erfaßbarkeit (Bild 2). Unter Reinststickstoff werden zur Freisetzung von 0,25% HCN bei 180 °C ca. 25 h und bei 200 °C etwa 7 h benötigt, gegenüber ca. 2,5 bzw. 1 h an der Luft. Nach *Zahn* [7] ist die HCN-Abspaltung unter Stickstoff sogar noch geringer.

Besonders anschaulich ist das konträre Verhalten beim Erhitzen unter Stickstoff oder Luft im Verlauf der Kurve 1, Bild 2 dargestellt. Dabei wurde nacheinander entweder Luft oder Reinstickstoff über das Polymerisat geleitet. Die Kurvenabschnitte mit geringer Steigung entsprechen dem Erhitzen unter Stickstoff. Die geringe HCN-Entwicklung beim Erhitzen unter Stickstoff ist auch dann noch festzustellen, wenn die Polymeren zuvor bei 80 bis 100 °C unter Stickstoff ausgeheizt werden, um eventuell adsorbierte Sauerstoffreste zu entfernen. Auch bei längerem Entgasen der Proben bei einem Druck von $2 \cdot 10^{-2}$ Torr, belüften mit Stickstoff und vielmaliger Wiederholung dieser Behandlung bleibt die abgespaltene HCN-Menge innerhalb der üblichen Fehlerbreite gleich (Tabelle 2).

3.2.2. *Abbau in Gegenwart von Sauerstoff*

Die wesentlich stärkere HCN-Abspaltung in Gegenwart von Sauerstoff ist aus den Diagrammen (Bild 2, Kurve 2, und Bild 1) ersichtlich. Die freigesetzte Menge pro Zeiteinheit ist in reinem Sauerstoff wiederum größer als an der Luft (Bild 3). In dem von uns angewendeten Bereich von 1 bis 10 l/h Spülgas ist keine Abhängigkeit zwischen der HCN-Menge und der Strömungsgeschwindigkeit festzustellen. Beim Erhitzen in einem abgesperrten Luftvolumen ist die Abspaltung insgesamt wesentlich geringer. Die Reaktionshemmung erklärt

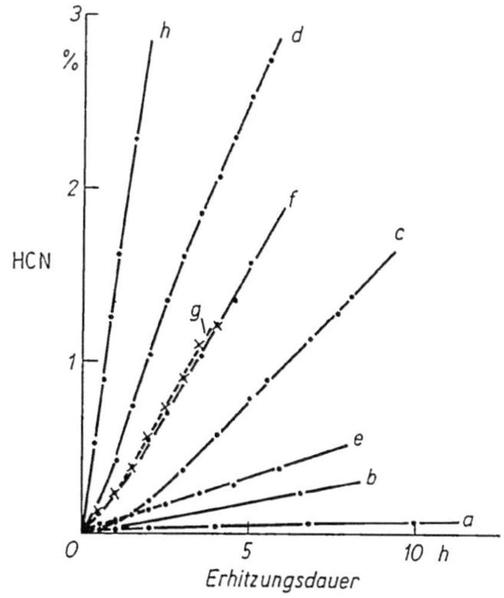

Bild 3. HCN-Abspaltung aus PVY unter Stickstoff, Luft und Sauerstoff bei verschiedenen Temperaturen

a)	Stickstoff	180 °C	b)	dto.	200 °C
c)	Luft	180 °C	d)	dto.	200 °C
e)	Sauerstoff	160 °C			
f)	dto.	180 °C, Strömungsgeschwindigkeit 3 l O_2/h			
g)	dto.	180 °C, Strömungsgeschwindigkeit 6 l O_2/h			
h)	dto.	200 °C			

sich zwanglos aus dem Verbrauch des Sauerstoffs im Reaktionsraum. Nach erneuter Luftzuführung steigt die in der Zeiteinheit freigesetzte HCN-Menge wieder auf die üblichen Werte an. Die HCN-Entwicklung ist also die Folge einer direkten Reaktion des Sauerstoffs mit dem Polyacrylnitril.

Darüber hinaus kann man aus diesem Versuch erkennen, daß die entstehende Blausäure keine beschleunigende Rückwirkung (Autokatalyse) auf die Abspaltungsreaktion ausübt.

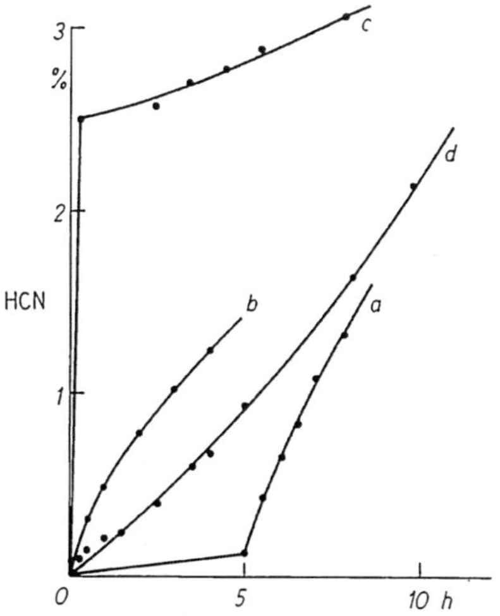

Bild 4. Einfluß des Vorerhitzens von Polyacrylnitril unter Stickstoff bei 180 °C auf die HCN-Abspaltung beim nachfolgenden Erhitzen an der Luft bei 180 °C

a) ohne Vorerhitzung: 5 h unter N_2, anschließend an der Luft erhitzt
b) 14 h vorerhitzt: an der Luft erhitzt
c) 16 h vorerhitzt: an der Luft erhitzt
d) nicht vorerhitzt: an der Luft erhitzt

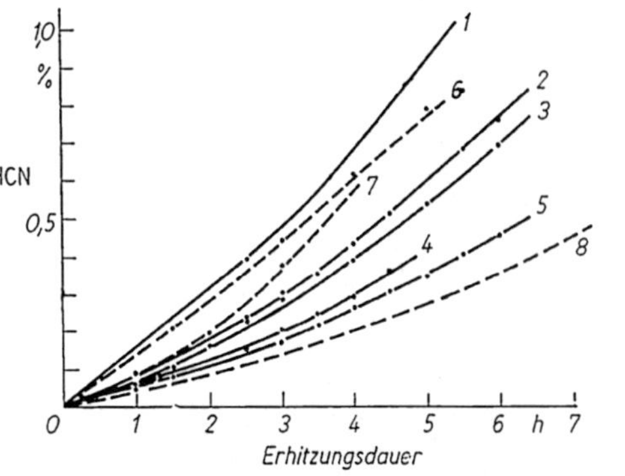

Bild 5. HCN-Abspaltung aus PVY-Lösungspolymerisaten mit unterschiedlicher rel. Molekülmasse bei 180 °C

Nr.	1	2	3	4	5	6*)	7*)	8*)
η_{rel} (0,1 g/ 100 ml DMF)	1,091	1,146	1,182	1,184	1,218	1,074	1,177	2,197

*) zum Vergleich: Redox-Fällungspolymerisate

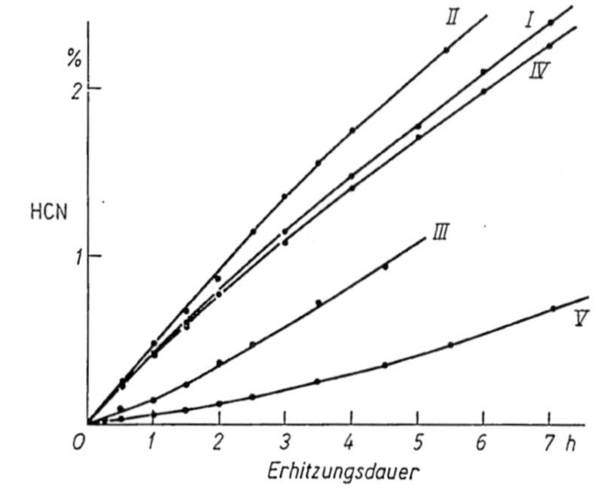

Bild 6. HCN-Abspaltung aus Polyacrylnitrilproben, die nach verschiedenen Verfahren polymerisiert wurden; Erhitzungstemperatur: 180 °C

Polymerisationsverfahren	Initiator
I Fällungsp., Wasser/Methanol	Azo-bis-isobutyronitril
II Fällungsp., Wasser	Kaliumperoxodisulfat
III wie II, aber höhere rel. Molekülmasse	
IV Fällungsp., Wasser	$KMnO_4$/Oxalsäure
V Lösungsp., DMF	Azo-bis-isobutyronitril

3.2.3. Reaktionen unter Stickstoff vorerhitzter Proben

Überraschenderweise beobachtet man eine wesentliche Reaktionsbeschleunigung, wenn das Polyacrylnitril zuvor längere Zeit bei der gleichen Temperatur unter Stickstoff erhitzt wird. Beim Übergang von der Stickstoffatmosphäre zu Luft oder Sauerstoff setzt die Zersetzungsreaktion mit erhöhter Geschwindigkeit oder schon bei tieferen Temperaturen mit meßbarer Geschwindigkeit (Bild 4a, b) ein, um sich dann wieder an die Zerfallsgeschwindigkeit von nicht vorerhitzten Proben anzugleichen. Bei noch längerer Vorbehandlung unter Stickstoff (6 h bei 200 °C oder 14 h bei 180 °C) erfolgt die Reaktion in Gegenwart von Luft unter teilweisem Aufglühen und Schwarzfärbung des Polymeren. Beim Überleiten von reinem Sauerstoff kann die Reaktion einen explosiven Verlauf nehmen. Dabei werden momentan einige Prozent Blausäure sowie Wasser und basische Verbindungen abgespalten. Nach dem Abklingen der stürmischen Reaktion ist die Abspaltung für die jeweilige Reaktionstemperatur nur noch gering (Bild 4c) im Vergleich mit den nicht unter Stickstoff vorbehandelten Proben (Bild 4d).

3.3. Abhängigkeit der HCN-Abspaltung von der rel. Molekülmasse der Polymeren

Unabhängig von der Erhitzungstemperatur und -atmosphäre ist die Geschwindigkeit der Zersetzungsreaktion bei vergleichbar hergestellten Polymerisaten umgekehrt proportional der rel. Molekülmasse. Bild 5 zeigt die thermooxydative Zersetzung von PVY-Lösungspolymerisaten mit unterschiedlicher rel. Molekülmasse und von einigen PVY-Proben, die nach dem Fällungspolymerisationsverfahren in Wasser mit dem Redoxsystem Peroxodisulfat/Bisulfit hergestellt wurden.

Stark abweichende Ergebnisse erhielten wir mit Polymeren, die nach anderen Methoden hergestellt wurden. Dabei handelt es sich um Fällungspolymerisationen 1. in wäßrig-methanolischer Lösung (5:1) mit Azo-bis-isobutyronitril als Initiator (Bild 6, I), 2. in Wasser mit Kaliumperoxodisulfat als Initiator (Bild 6, II) und 3. mit dem Redoxsystem $KMnO_4$/Oxalsäure als Initiator (Bild 6, IV). Alle Proben sind Polyacrylnitril-Homopolymerisate annähernd gleicher Grenzviskosität. Innerhalb einer Gruppe zeigen diese Polymerisate ebenfalls die erwähnte Abhängigkeit zwischen rel. Molekülmasse und HCN-Abspaltung. Das unterschiedliche Verhalten der Gruppen untereinander kann daher nur in abweichenden Strukturen der Polymeren oder in der Wirkung der verschiedenen Endgruppen begründet sein.

3.3.1. Endgruppen und HCN-Abspaltung

Über die Art der vorhandenen Endgruppen besteht in der Literatur keine vollständige Klarheit. In der Tabelle 3 sind die in der Literatur diskutierten möglichen Endgruppen für verschiedene Polymerisate zusammengestellt. Die Polymeren der 1. und 2. Spalte der Fällungspolymerisate und der Lösungspolymerisate folgen trotz der einerseits ionischen, zum anderen kaum von der Struktur des Polymeren abweichenden Endgruppen der gleichen Gesetzmäßigkeit zwischen abgespaltener HCN-Menge und rel. Molekülmasse. Dagegen weichen die Polymeren mit Carboxylendgruppen und selbst die mit Azo-bis-isobutyronitril in Methanol/Wasser initiierten Polymeren erheblich davon ab. Besonders letztere sollten sich wegen des gleichen Initiators den Lösungspolymerisaten analog verhalten. Die Unterschiede zwischen den Polymeren mit ionischen Endgruppen und denen mit α-Cyanopropyl-Gruppen einerseits und denjenigen mit gleichem Initiator, aber nach verschiedenen Verfahren hergestellten andererseits, sprechen gegen eine dominierende Wirkung der im Polymeren eingebauten Initiatorbruchstücke auf die HCN-Abspaltung.

Tabelle 3. Mögliche Endgruppen in Acrylnitrilpolymeren

Polymerisationsart	Initiator	mögliche Endgruppen vom Initiator		Abbruch	Lit.
Fällungspolymerisat	KP–KB–Fe^{++}	$-SO_3H$	$-SO_4H$	?	[14]
	KP		$-SO_4H$	?	[15]
	$KMnO_4$-Oxals.		$-COOH$	?	[16]
	Azo	IBN		?	
Lösungspolymerisat in DMF	Azo	IBN		DMF·	[17, 18]
	AP	$DMF^{·+}$		DMF·	[18]

KP: Kaliumperoxodisulfat, AP: Ammoniumperoxodisulfat, IBN: α-Cyanopropyl

3.3.2. Einfluß von Strukturanomalien der Polymeren

Beim Polyacrylnitril sind vor allem folgende Abweichungen von der regulären chemischen Struktur zu diskutieren: C=C-Doppelbindungen, die u. a. beim Abbruch durch Disproportionierung entstehen, und Ketenimin-Gruppierungen (—CH=C=N—), die bei der Reaktion des wachsenden Polymerradikals in der mesomeren Grenz-Struktur (I) gebildet werden:

$$\text{R 1:} \quad \sim CH_2-\underset{\displaystyle CN}{CH\cdot} \longleftrightarrow \sim CH_2-CH=C=N\cdot \qquad (I)$$

Auf diese Möglichkeit hat schon *Kern* [4] auf Grund der Anwesenheit von alkalisch nicht verseifbarem Stickstoff im Polyacrylnitril hingewiesen. Neuerdings wird auch die Bildung von Ketonitrilstrukturen durch Übertragung diskutiert [40].

3.3.2.1. Entstehung von Keteniminstrukturen im Polyacrylnitril

Über das Vorhandensein von Keteniminstrukturen in Polyacrylnitril, das durch Polymerisation bei tiefen Temperaturen hergestellt wurde, haben *Chen* u. Mitarb. [19], *Tsuda* [20], *Schneider, Herz* und *Hummel* [21, 22] sowie *Levine* und *Harris* [23] berichtet. Die Anwesenheit der Keteniminstruktur wird vor allem aus dem Auftreten der Bande bei 2030 cm^{-1} im Ultrarotspektrum und deren Verschwinden beim Tempern bei 100 °C oder milder saurer Hydrolyse abgeleitet. Bei der Hydrolyse treten im UR-Spektrum neue Banden auf, die monosubstituierten Amiden zugeordnet werden.

Beim Polymethacrylnitril erhält man auch bei der radikalischen Polymerisation oberhalb Zimmertemperatur Polymere mit Keteniminbindungen, wie *Grassie* und *McNeill* sowie *Talât-Erben* [24 ,25, 26] unabhängig voneinander fanden. Entgegen früheren Angaben verschiedener Autoren fanden nun *Crosthwaite* u. Mitarb. [27], daß auch bei der Polymerisation des Acrylnitrils mit Di-tert.-Butylperoxid unter UV-Belichtung bei 12 °C in Heptan oder Methanol oder bei 50 °C in Methanol Polymere mit Ketenimingruppen erhalten werden. Danach ist es lediglich notwendig, die bei der radikalischen Polymerisation normalerweise hohen Polymerisationsgrade stark herabsetzen, um die beim Abbruch entstehenden Keteniminstrukturen anzureichern und so analytisch erfaßbar zu machen. Wir konnten die Ergebnisse bestätigen und fanden, daß auch bei der durch thermischen Zerfall von Azo-bis-isobutyronitril initiierten Polymerisation unter geeigneten Bedingungen Polymere mit sehr niedriger rel. Molekülmasse entstehen, in denen die Ketenimingruppen anhand der Ultrarotspektren nachweisbar sind. In der Tabelle 4 sind die experimentellen Ergebnisse zusammengefaßt. Die Polymeren sind gelblich gefärbt, und ihre Ultrarotspektren zeigen zusätzliche Absorptionen zwischen 1600 und 1700 cm^{-1}. Die angeführten Viskositätswerte besitzen nur orientierenden Charakter. Aus ihnen würde sich ein Durchschnittspolymerisationsgrad von 20 bis 25 errechnen. Die Elementaranalyse ergab einen Stickstoffgehalt von 25,55% (Probe 3), der an der unteren Grenze der für Polyacrylnitril gefundenen Werte liegt. Diese Ergebnisse lassen den Schluß zu, daß bei der radikalischen Polymerisation des Acrylnitrils immer mit dem Vorhandensein von Keteniminbindungen im Polymeren gerechnet werden muß. Bei höheren Polymerisationsgraden sind sie wegen ihrer geringen Konzentration ultrarotspektroskopisch nicht mehr nachweisbar. Bei den Fällungspolymerisaten können die Ketenimingruppen wegen der leichten Hydrolysierbarkeit im sauren Medium bei der Aufarbeitung der Polymeren verseift werden. In den Ultrarotspektren von Fällungspolymerisaten des Acrylnitrils treten auch häufig schwache Absorptionen im Carbonyl-Schwingungsbereich auf.

Nach der Extraktion von Substanzpolymerisaten mit Wasser bei Siedetemperatur fanden wir eine intensive Zusatzabsorption im Carbonylbereich bei 1675 cm^{-1}.

Tabelle 4. Polymerisation von Acrylnitril in Methanol

Nr.	ACN [mol/l]	Initiator	UV Bestrahlung	Temp. [°C]	Polym. Dauer [h]	Umsatz [%]	$\eta_{spez.}$ (0,1 g/100 ml)	$\frac{E_{2030}}{E_{2245}}$
1	0,42	DBPO 0,08	+	30	2	4,8	0,0114	0,19
2	0,2	Azo $1,3 \cdot 10^{-3}$	+	30	8	1,1	—	0,23
3	0,2	Azo $1,3 \cdot 10^{-3}$*)	—	50	46,5	4,8	0,097	0,09

*) nach 27 h nochmals gleiche Initiatormenge zugesetzt; DBPO = Di-tert.-Butylperoxid; Azo = Azo-bis-isobutyronitril

Auch diese Beobachtungen möchten wir als eine weitere Stütze für das Vorliegen von Keteniminbindungen im PAN ansehen.

3.3.2.2. Thermischer Zerfall der Keteniminstruktur

Uns interessierte besonders das Verhalten der Ketenimingruppen beim thermischen Abbau. Wie bereits oben erwähnt, werden die Keteniminstrukturen beim Tempern relativ leicht zerstört. Die direkte Verfolgung dieses Prozesses anhand der Ultrarotspektren zeigt die Tabelle 5. Neben der Keteniminbande (2026 cm^{-1}) sind als Bezugsbanden die Nitrilbande (2243 cm^{-1}) und eine Bande geringer Intensität bei 2190 cm^{-1} aufgeführt. Die 2026 cm^{-1}-Bande ist nach achtstündiger Temperung bei 110 °C eben noch gut auswertbar. Eine Extinktionszunahme zeigt die schon im thermisch unbelasteten Polymeren vorhandene Bande bei 1645 cm^{-1}, und zwar von 0,08 auf 0,10. Außerdem scheint sich bei 810 cm^{-1} eine schwache Schulter auszubilden. Für den thermischen Abbau der Keteniminbindungen im Poly*meth*acrylnitril haben *Grassie* und *McNeill* [26] einen Mechanismus vorgeschlagen (R 2), der dem beobachteten Abfall der rel. Molekülmasse und der Zunahme der Absorption bei 1620 cm^{-1}, die den ungesättigten Endstrukturen zugeordnet wird, Rechnung trägt.

R 2:

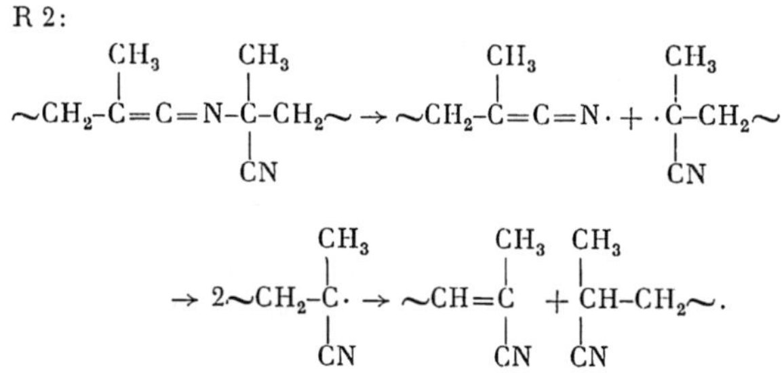

Die von uns beobachtete Bande bei 1654 cm^{-1} fällt ebenfalls in den Erwartungsbereich der C=C-Valenzschwingung. Dieser Struktur würde auch die Zuordnung der Absorption bei 810 cm^{-1} als eine =CH-Kippschwingung entsprechen. Eine Änderung der rel. Molekülmasse beim thermischen Abbau konnten wir nicht beobachten. Wegen der niedrigen rel. Molekülmassen der untersuchten Proben sind die viskosimetrischen Bestimmungen mit einem großen Fehler behaftet und die Erfaßbarkeit begrenzter Abweichungen daher fraglich.

Auffallend ist die Leichtigkeit, mit der die HCN-Abspaltung bei den keteniminhaltigen Proben erfolgt. Schon bei 100 °C wird eine meßbare Menge HCN abgespalten. Diese Reaktion ist jedoch nach kurzer Zeit beendet, und eine weitere Abspaltung konnte bei Temperaturen bis zu 150 bis 160 °C nicht beobachtet werden.

Tabelle 5. Abnahme der Keteniminbande (2026 cm^{-1}) beim Erhitzen (Probe 1 der Tabelle 4)

	E_{2026}	E_{2190}	E_{2243}
unbehandelt	0,15	0,02	0,90
1 h, 110 °C	0,11	0,02	0,90
3 h, 110 °C	0,05	0,02	0,90
8 h, 110 °C	0,01	0,02	0,90

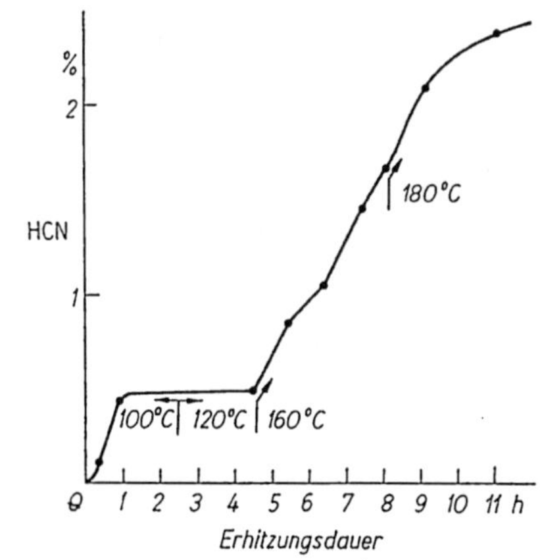

Bild 7. HCN-Abspaltung aus Polyacrylnitril, das Keteniminbindungen enthält, bei verschiedenen Temperaturen

Bei 160 °C setzt erneut HCN-Abspaltung mit relativ großer Geschwindigkeit ein. Der Verlauf dieser Reaktion wird durch Erhöhung der Reaktionstemperatur auf 180 °C nicht merklich beeinflußt (Bild 7). Insgesamt gesehen, ergibt sich gegenüber allen anderen untersuchten Proben eine wesentlich leichtere und kräftigere Blausäureabspaltung.

Auch die besonders intensive HCN-Abspaltung aus den Fällungspolymerisaten, die in wäßrig-methanolischer Lösung mit Azo-bis-isobutyronitril hergestellt wurden (Bild 6, I), wird wegen der Analogie der Herstellungsbedingungen mit den in der Tabelle 4 aufgeführten keteniminhaltigen Polymeren auf die gleichen Ursachen zurückzuführen sein. Im Ultrarotspektrum der mit $KMnO_4$/Oxalsäure initiierten Polymeren (Bild 6, IV) fanden wir sogar eine schwache Bande bei 2030 cm^{-1}. Die Intensität entspricht etwa derjenigen von Probe 1 nach 8 h Tempern bei 110 °C (Tabelle 5).

3.4. Über den Mechanismus der HCN-Abspaltung

3.4.1. Radikalcharakter der Reaktion

Die Mitwirkung des molekularen Sauerstoffs bei der HCN-Abspaltungsreaktion läßt einen radikalischen Mechanismus oder wenigstens eine solche Teilreaktion darin erwarten. Eine weitere Stütze für unsere Auffassung über den radikalischen Charakter der Reaktion konnten wir aus der Wirkung verschiedener, dem PVY zugesetzter Substanzen auf die Zersetzungsreaktion ableiten. Radikalbildner, wie Benzoylperoxid und Azodiisobutyronitril, beschleunigen die HCN-Entwicklung unter Sauerstoff, in geringerem Maße auch Ammoniumperoxodisulfat. Der Zusatz von Cumol beschleunigt die Reaktion ebenfalls, und zwar mit der Raektionsdauer zunehmend, was wahrscheinlich auf die intermediäre Bildung von Cumolhydroperoxid zurückzuführen ist. Schwermetallverbindungen beschleunigen bekanntlich die Radikalbildung aus Hydroperoxiden [28]. Bei Zusatz von $FeCl_3$ zum PVY erhöht sich die abgespaltene Blausäuremenge. Durch Hydrochinon wird die HCN-Entwicklung gegenüber dem reinen PVY herabgesetzt. Radikalbildner bewirken auch unter Stickstoff eine Verstärkung der Blausäurebildung. Die Wirkung ist allerdings schwach und nur beim Beginn des Erhitzens (ca. 1 h) feststellbar; das entspricht dem raschen Zerfall dieser Substanzen, ohne daß die Möglichkeit zur Auslösung von Autoxydationsprozessen gegeben ist. Das folgende Beispiel erläutert die Größenordnung der beobachteten Effekte beim Erhitzen unter Stickstoff auf 180°C:

PVY-Fällungspolymerisat	% HCN-Abspaltung in 30 min	20 h
ohne Zusatz	0,02	0,23
mit 5 · 10^{-5} mol Azo/g PVY	0,06	0,33
mit 5 · 10^{-5} mol Hydrochinon/g PVY	0,03	0,23

Die Wirkung dieser Zusätze steht in keinem direkten Zusammenhang mit ihrem gleichzeitigen Einfluß auf die Verfärbung, denn der Zusatz von Säuren, Basen und C—H-aktiven Verbindungen, wie z. B. Benzoesäure, Oxalsäure, Maleinsäure, Harnstoff, Thioharnstoff, Diphenylamin oder Benzylcyanid, die für das Auftreten der sichtbaren Verfärbung des PVY besonders wirksam sind, beeinflußt die HCN-Abspaltung unter Sauerstoff nicht. Hydrochinon, das die Verfärbung der Nitrilpolymeren initiiert, hat sogar eine retardierende Wirkung auf die HCN-Abspaltung.

3.4.2. Peroxygenierung des Polyacrylnitrils

Bei der Reaktion von molekularem Sauerstoff mit organischen Verbindungen entstehen über C-Radikale primär Hydroperoxide oder Peroxide [29]. Bekanntlich erfolgt der Angriff des Sauerstoffs am leichtesten am tertiären C—H. Darüber hinaus können Substituenten am Kohlenstoffatom eine Aktivierung der C—H-Bindung gegenüber homolytischen Reaktionen bewirken. Systematische Untersuchungen über den Einfluß solcher Substituenten auf die Sauerstoffaufnahme liegen kaum vor. Dagegen gibt es eine Reihe von Arbeiten, in denen diese Verhältnisse bei der radikalischen Chlorierung untersucht werden. Da sich dieser Reaktionsschritt bei der radikalischen Chlorierung und bei der Autoxydation weitgehend gleicht, erlauben diese Untersuchungen auch Rückschlüsse auf das Verhalten bei der Autoxydation. Die Nitrilgruppe besitzt einen charakteristischen inhibierenden Effekt auf die α-Stellung [30]. Aliphatische Nitrile liefern bei der Chlorierung überwiegend β- und wenn möglich γ-chloriertes Produkt, aber nur kleine Mengen der α-Chlorverbindungen. Die Peroxygenierung des Polyacrylnitrils sollte danach vorwiegend durch folgende Bruttoreaktionsgleichung beschrieben werden:

R 3: 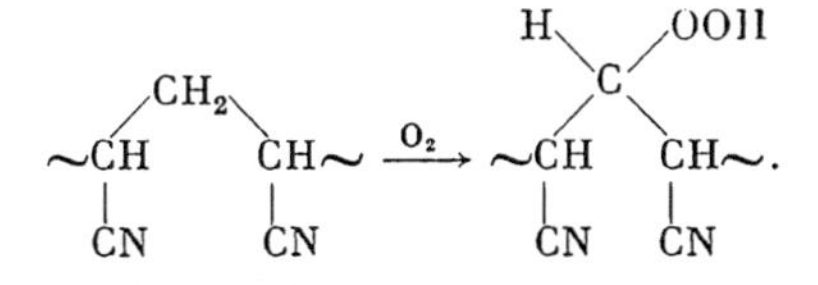

Brandrup und *Peebles* konnten diesen Reaktionsverlauf inzwischen durch Untersuchungen an Modellsubstanzen und am Polymeren sicherstellen [31]. Bei den angewendeten Reaktionstemperaturen von 145 und 150°C wurden nur sehr geringe Mengen oder kein HCN gefunden, obwohl die primär gebildeten Hydroperoxide bereits wieder zerfallen waren.

Wir haben unter wesentlich milderen Bedingungen (80°C), bei denen die Hydroperoxide nicht nur intermediär auftreten, die Peroxygenierung von Isobutyronitril und Dicyanopentan untersucht und festgestellt, daß das Isobutyronitril relativ leicht peroxygeniert wird (13%), während sich das Dicyanopentan nur zu einem geringen Anteil (0,5%) umsetzte. Aus der glatten Umsetzung des Isobutyronitrils dürfen keine falschen Rückschlüsse auf das Polyacrylnitril gezogen werden. Die Methylgruppen aktivieren nämlich das α-Wasserstoffatom (+ I-Effekt) gegenüber homolytischen Reaktionen und können die entgegengesetzte Wirkung der desaktivierenden Nitrilgruppe kompensieren. Es ist also verständlich, daß im Gegensatz zum Polyacrylnitril das tertiäre Kohlenstoffatom des Isobutyronitrils leicht peroxygeniert wird. Bei der Peroxygenierung beider Modellsubstanzen konnten nur Spuren HCN nachgewiesen werden. Aus einem oxydierten Ansatz mit Isobutyronitril spaltete sich auch bei längerem Erhitzen bei 80°C unter Stickstoff nur sehr wenig Blausäure ab, und das Hydroperoxid blieb erhalten. In reiner Form ist das Hydroperoxid sogar bis zu 120°C beständig [32].

4. Diskussion der Ergebnisse

Beim Erhitzen von Polyacrylnitril über 150°C an der Luft werden meßbare Mengen HCN abgespalten. Die freigesetzte Menge steigt in dem untersuchten Temperaturbereich von 150 bis 200°C mit der Temperatur und der Dauer des Erhitzens an, und zwar in reinem Sauerstoff stärker als an der Luft. Die Aktivierungsenergie der HCN-Abspaltung in Gegenwart von Sauerstoff bestimmten wir zu 22 kcal/mol. Der Zusatz von Radikalbildnern und Schwermetallverbindungen beschleunigt die Reaktion, während sie durch Radikalfänger verzögert wird. Da die Anwesenheit des Sauerstoffs die wesentliche Voraussetzung für eine meßbare HCN-Entwicklung ist, leitet sich daraus eine radikalische Reaktion des Sauerstoffs mit dem Polyacrylnitril ab. Auf Grund unserer Versuche sowie in Übereinstimmung mit bekannten Gesetzmäßigkeiten und den Ergebnissen von *Brandrup* und *Peebles* [31] muß man als Primärreaktion die Peroxygenierung des Polyacrylnitrils in β-Stellung annehmen (R 3) [33]. Die Hydroperoxide entsprechender Modellverbindungen zerfallen thermisch bei Temperaturen zwischen 80 oder 120 und 150°C. Die HCN-Abspaltung aus Polyacrylnitril beginnt aber erst oberhalb 150°C, also offensichtlich durch Reaktionen der Folgeprodukte des Hydroperoxidzerfalls. Beim Zerfall der Hydroperoxide entstehen ganz allgemein Ketone (R 4).

R 4: 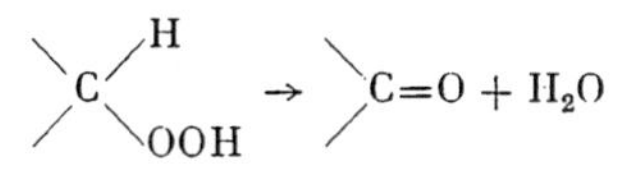

Beim Polyacrylnitril führt diese Reaktion zur Bildung der labilen β-Ketonitril- oder Dicyanaceton-Gruppierung [34]. Die lockere Bindung der Cyangruppe in den β-Cyanketonen ist bemerkenswert [35], so daß eine HCN-Abspaltung bei Temperaturen über 150°C durchaus plausibel erscheint. Weiterhin aktiviert die Carbonylgruppe die benachbarte CH-Bindung, die über das

Hydroperoxid praktisch zur Hydroxylgruppe, d. h. zu einem Cyanhydrin oxydiert wird (R5).

R 5:

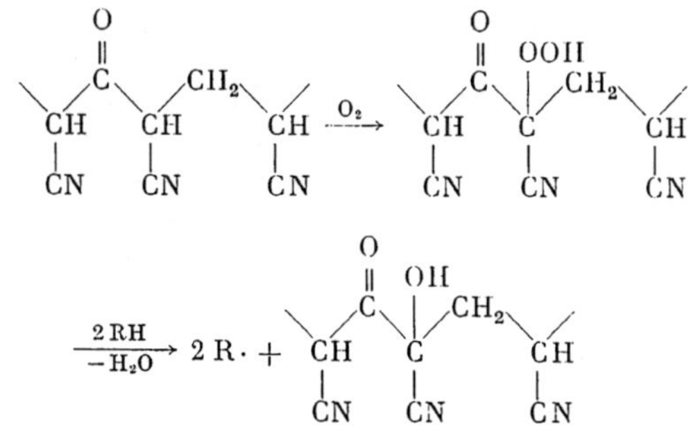

Die vorherrschende pyrolytische Reaktion der Cyanhydrine ist die Wasserabspaltung unter Bildung α,β-ungesättigter Nitrile [36]. In der hier vorliegenden α-Carbonylgruppierung wird die Beweglichkeit des OH-Protons jedoch erhöht, so daß der Zerfall in diesem speziellen Fall unter HCN-Abspaltung erfolgen kann. Die Reaktionsfolge der Peroxygenierung entspricht dem Schema der Paraffinoxydation [37]. Die Ketonhydroperoxide sind die Vorstufe zur Sprengung der C—C-Kette und den daraus resultierenden mannigfaltigen Folgereaktionen, die ebenfalls zur HCN-Abspaltung führen können.

Der dargelegte Mechanismus geht von einem rein statistischen Angriff des Sauerstoffs am Polymeren aus. Sind im Polymeren bereits Gruppen vorhanden, welche die Peroxygenierung aktivieren, so kann die Umsetzung des Sauerstoffs mit dem Polyacrylnitril von vornherein gerichtet erfolgen und die HCN-Abspaltung dadurch beeinflußt und beschleunigt werden.

Im Vergleich zum primären Kohlenstoffatom wird z. B. die Aktivität der C—H-Bindung an einem Allyl- oder Benzylkohlenstoffatom etwa um den Faktor 10^2 erhöht [38]. Im Polyacrylnitril können solche Strukturen durch den Abbruch der Polymerisation durch Disproportionierung, durch den thermischen Abbau von Ketenimingruppen (vgl. 3.3.2.2) oder durch die Cyclisierungsreaktion der Nitrilgruppen und nachfolgende Dehydrierung unter Ausbildung aromatischer Ringsysteme (Benzylkohlenstoffatome) [39] entstehen.

An besonders hergestellten Acrylnitrilpolymeren mit Keteniminbindungen konnten wir zeigen, daß diese tatsächlich sehr leicht Blausäure abspalten. Auch bei anderen Acrylnitrilpolymerisaten, die besonders schnell HCN abspalten, fanden wir Anzeichen für das Vorhandensein von Keteniminbindungen oder ihren Umwandlungsprodukten. Daher ist ein allgemeiner Zusammenhang zwischen der HCN-Abspaltung unter Mitwirkung des Sauerstoffs und der Anwesenheit von Ketenimingruppen im Polyacrylnitril sehr wahrscheinlich. Entstehen die Keteniminbindungen vorwiegend bei der Abbruchreaktion, so erklären sich dadurch die Abhängigkeit von der rel. Molekülmasse und das unterschiedliche Verhalten der nach verschiedenen Verfahren hergestellten Polymeren. Für die Bildung der Ketenimine beim Abbruch spricht, daß sie nur bei Polymeren mit niedriger rel. Molekülmasse gut nachweisbar sind.

Ob die Ketenimingruppen direkt in die Reaktion eingreifen oder über die Produkte ihres thermischen Abbaus beteiligt sind, darüber kann vorläufig keine endgültige Entscheidung getroffen werden. Da wir bei den keteniminhaltigen Proben zwei Stufen der HCN-Abspaltung feststellen konnten (Bild 7), scheinen beide Reaktionsmöglichkeiten eine Rolle zu spielen. Der überwiegende Teil der Zersetzungsreaktion findet jedoch weit oberhalb der Zerfallstemperatur der Keteniminstrukturen statt. In Analogie zum Mechanismus des thermischen Abbaus der Ketenimingruppen im Polymethacrylnitril sollten dabei Doppelbindungen entstehen. Diese müßten die eigentlichen aktivierenden Gruppen bei der HCN-Abspaltung sein. Außerdem können die Carbonylgruppen, die bei der Hydrolyse der Ketenimine entstehen, die Peroxygenierung des Polymeren aktivieren.

Beim Erhitzen unter Stickstoff werden nur Spuren HCN gebildet. Die Mengen liegen bei der von uns angewendeten Methode an der Grenze der Erfaßbarkeit. Dieser geringe Anteil wird sicher nach einem anderen Mechanismus abgespalten, ist aber praktisch bedeutungslos.

Die im Verlauf der Peroxygenierungsreaktion entstehenden Carbonylfunktionen sind wirksame Initiatoren der ionischen Cyclisierungsreaktion des Polyacrylnitrils, die als die erste Ursache der Verfärbung des Polymeren anzusehen ist [11]. Nach *Friedländer*, *Peebles*, *Brandrup* und *Kirby* [40] ist diese im Detail beschriebene Wirkung sogar der hauptsächlichste Weg, auf dem der Sauerstoff auf die Verfärbung des Polyacrylnitrils einwirkt. Ein direkter Zusammenhang der beschleunigten Verfärbung in Gegenwart von Sauerstoff mit der HCN-Abspaltung, die unter den gleichen Bedingungen erfolgt, ist aus unseren Ergebnissen nicht abzuleiten. Selbst die stärkere Verfärbung der unter Stickstoff vorerhitzten Proben und die Rolle des Vorerhitzens (vgl. Abschnitt 3.2.3) kann mit den vorliegenden Kenntnissen über die HCN-Abspaltungsreaktion nicht erklärt werden.

Es gelang uns jedoch nachzuweisen, daß neben der oxydativen HCN-Abspaltung eine oxydative Dehydrierung des Polyacrylnitrils stattfindet. Diese ist für den stark exothermen Verlauf der Reaktion verantwortlich, was zur verstärkten Abspaltung von Blausäure führt, wenn sich die Reaktion bis zu einem explosiven Verlauf steigert. Über die oxydative Dehydrierung des Polyacrylnitrils wird in einer späteren Mitteilung ausführlich berichtet werden.

Frau *I. Szimbritzki* und Frau *D. Micheli* gilt auch an dieser Stelle unser herzlicher Dank für die experimentelle Mitarbeit. Für die Aufnahme der Ultrarotspektren in der Abt. Physik (Leiter Dr. *Ch. Ruscher*) des Instituts für Faserstoff-Forschung danken wir Herrn Dr. *R. Schmolke*.

5. *Literatur*

[1] *Houtz, R. C.:* „Orlon" acrylic fiber: Chemistry and properties. Textile Res. J. **20** (1950) S. 786—801.

[2] *Vosburgh, W. G.:* The heat treatment of „Orlon" acrylic fiber to render it fireproof. Textile Res. J. **30** (1963) S. 882—896.

[3] *Kobayashi, H.:* Structural changes of polyacrylonitrile chains due heat treatment. Kagaku (Science) **23** (1953) S. 366; ref. CA **48** (1954) 4430f.

[4] *Kern, W.*, und *Fernow, H.:* Über die Polymerisation des Acrylnitrils und Polyacrylnitril. J. prakt. Chemie, N. F. **160** (1942) S. 281—295.

[5] *Nagao, H.*, *Uchida, N.*, und *Yamaguchi, T.*: Thermische Zersetzung von Polyacrylnitril. I. J. chem. Soc. Japan, ind. Chem. Sect. **59** (1956) S. 698—700.

[6] *Straus, S.*, und *Madorsky, S. L.*: Thermal degradation of polyacrylonitrile, polybutadien and copolymers of butadien with acrylonitrile and styrene. J. Res. nat. Bur. Standards **61** (1958) S. 77—81.

[7] *Zahn, H.*, und *Schäfer, P.*: Zur Kenntnis der Oligomeren des Acrylnitrils. 2. Mitt.: Polymerisations- und Abbauversuche. Makromol. Chemie **30** (1959) S. 225—237.

[8] *Burlant, W. J.*, und *Parsons, J. L.*: Pyrolysis of polyacrylonitrile. J. Polymer Sci. **22** (1956) S. 249—256.

[9] *Bell, J. W.*, und *Mulchandani, R. K.*: Observations on the thermal degradation of Courtelle acrylic fibre. I. Chemical changes induced by heat. J. Soc. Dyers Colourists **81** (1965) S. 16—21.

[10] *Lohs, Kh.*: Die thermische Blausäureabspaltung aus Polyacrylnitrilfasern als mögliche Vergiftungsquelle. Zbl. Arbeitsmed. Arbeitsschutz **14** (1964) S. 287—289.

[11] *Ulbricht, J.*, und *Makschin, W.*: Untersuchungen zur thermischen Verfärbung des Polyacrylnitrils. Faserforsch. u. Textiltechnik **20** (1969) 4, S. 170—178.

[12] *Ulbricht, J.*, und *Makschin, W.*: Investigations on thermal discolouration of polyacrylonitrile. European Polymer J., im Druck.

[13] *Monahan, A. R.*: Thermal degradation of polyacrylonitrile in the temperature range 280—450°C. J. Polymer Sci., A-1: Polymer Chem. **4** (1966) S. 2391 bis 2399.

[14] *Tsuda, Y.*: A radiotracer study of aqueous polymerization of acrylonitrile using potassium persulfate initiator. Chem. High Polymers, Tokyo **17** (182) (1960) S. 364—366.

[15] *Tsuda, Y.*: A tracer study of the persulfate-bisulfite-catalyzed polymerization of acrylonitrile. J. appl. Polymer Sci. **5** (1961) S. 104—107.

[16] *Palit, S. R.*, und *Konar, R. S.*: Permanganate-oxalic acid as a redox initiator in aqueous media. Part II. Kinetics and degree of polymerization. J. Polymer Sci. **58** (1962) S. 85—102.

[17] *Bamford, C. H.*, *Jenkins, A. D.*, und *Johnston, R.*: The termination reaction in the polymerization of acrylonitrile. Trans. Faraday Soc. **55** (1959) S. 179—184.

[18] *Ulbricht, J.*: Über die Lösungspolymerisation des Acrylnitrils. Habil.-Schrift, TH Leuna-Merseburg 1964, S. 73, 128, 134.

[19] *Chen, C. S. H.*, *Colthup, N.*, *Deichert, W.*, und *Webb, R. L.*: Formation of keteneimine structures during polymerization of acrylonitrile with X-rays. J. Polymer Sci. **45** (1960) S. 247—48.

[20] *Tsuda, Y.*: Infrared spectra of polyacrylonitrile polymerized by gamma-irradiation at low temperatures. Bull. chem. Soc. Japan **34** (1961) S. 1046—1048.

[21] *Schneider, Ch.*, *Herz, J.*, und *Hummel, D.*: Zur Frage der strahlenchemischen Tieftemperaturpolymerisation von Acrylnitril. Makromol. Chemie **56** (1962) S. 228—233.

[22] *Schneider, Ch.*, und *Herz, J.*: Die strahlenchemische Bildung von Ketenimingruppen bei der Tieftemperaturpolymerisation des Acrylnitrils. Makromol. Chemie **73** (1964) S. 128—140.

[23] *Levine, Ch. A.*, und *Harris, G. H.*: Formation of keteneimine in acrylonitrile polymerization. J. Polymer Sci. **62** (1962) S. 100—101.

[24] *Grassie, N.*, und *McNeill, I. C.*: Thermal degradation of polymethacrylonitrile. Part II. The coloration reaction. J. Polymer Sci. **27** (1958) S. 207—218.

[25] *Grassie, N.*, und *McNeill, I. C.*: Thermal degradation of polymethacrylonitrile. III. Structural abnormalities and degradation processes. J. Polymer Sci. **30** (1958) S. 37—46.

[26] *Grassie, N.*, und *McNeill, I. C.*: Thermal degradation of polymethacrylonitrile. IV. Formation and decomposition of keteneimine structures. J. Polymer Sci. **33** (1958) S. 171—182.

[27] *Crosthwaite, J. C.*, *McLeskey, J. J.*, und *Smith, P.*: Formation of keteneimine links in acrylonitrile polymerized under free radical conditions. Canad. J. Chem. **40** (1962) S. 1879—1881.

[28] *Kern, W.*, und *Willersinn, H.*: Die Katalyse der Autoxydation ungesättigter Verbindungen. Angew. Chemie **67** (1955) S. 573—581.

[29] *Rieche, A.*, *Schmitz, E.*, und *Schulz, M.*: Peroxygenierung organischer Verbindungen. Z. Chemie **3** (1963) S. 443—452.

[30] *Bruylants, A.*, Melle *Tits, Dieu, C.*, und *Gauthier, R.*: Essais de chloration dirigée II. Bull. Soc. chim. belges **61** (1952) S. 366—392.

[31] *Brandrup, J.*, und *Peebles, L. H.*: On the chromophore of polyacrylonitrile. IV. Thermal oxidation of polyacrylonitrile and other nitrile-containing compounds. Macromolecules **1** (1968) S. 64—72.

[32] *Talât-Erben, M.*, und *Önol, N.*: The reaction of 2-cyano-2-propyl free radicals with oxygen. 2-Cyano-2-propyl hydroperoxide. Canad. J. Chem. **38** (1960) S. 1154—1157.

[33] *Makschin, W.*: Untersuchungen zur thermischen Verfärbung des Polyacrylnitrils. Dissertation TH Chemie Leuna-Merseburg 1967.

[34] *Henecka, H.*: Chemie der β-Dicarbonylverbindungen. Berlin: Springer 1950, S. 106.

[35] *Mohr, E.*: Über Aminoalkylcrotonsäurenitrile und Monoalkylacetessigsäurenitrile. J. prakt. Chemie **90** (1914) S. 189—222.

[36] *Migrdichian, V.*: The Chemistry of organic cyanogen compounds. New York: Reinhold Publishing Corp. 1947, S. 192.

[37] *Langenbeck, W.*, und *Pritzkow, W.*: Zur Kenntnis der Paraffinoxydation. Chem. Technik **2** (1950) S. 116—118.

—: Ketonhydroperoxyde als Zwischenstufen der Paraffinoxydation. Chem. Technik **4** (1952) S. 391—393.

[38] *Bolland, J. L.*: Kinetische Untersuchungen in der Chemie des Kautschuks und verwandter Materialien. 7. Mitt.: Einfluß der chemischen Struktur auf die Reaktionsfähigkeit der α-Methylengruppe in Olefinen. Trans. Faraday Soc. **46** (1950) S. 358—368.

[39] *Ulbricht, J.*, und *Makschin, W.*: Untersuchungen zur thermischen Verfärbung des Polyacrylnitrils. Dehydrierungsreaktionen am Polyacrylnitril. Faserforsch. u. Textiltechnik, in Vorbereitung.

[40] *Friedländer, H. N.*, *Peebles, L. H.*, *Brandrup, J.*, und *Kirby, J. R.*: On the chromophore of polyacrylonitrile. VI. Mechanism of color formation in polyacrylonitrile. Macromolecules **1** (1968) S. 79—86.

Eingegangen am 15. November 1968

Die Bestimmung des Mattierungsmittelgehaltes in Titandioxidsuspensionen und mattiertem Polyamid

Konrad Praeger, Waltraud Bröcker und Ilse Raue

Mitteilung aus der Abt. Betriebskontrolle Feinseide des VEB Chemiefaserkombinat Wilhelm-Pieck-Stadt Guben

DK 677.494.675:677.494.021.342.2
543.244.6:543.432:543.436:546.824—31

Für die Suspensionsanalyse wurden ein komplexometrisches, ein nephelometrisches und ein kolorimetrisches Verfahren sowie eine Dichtemethode entwickelt, die je nach dem Lactamgehalt der Suspension einsatzfähig sind. Zur Schnellbestimmung des Mattierungsmittelgehaltes in Polyamid bewährte sich ein kolorimetrisches Verfahren. Die Anwendungsgebiete und die Reproduzierbarkeit der einzelnen Analysenmethoden werden erläutert und genaue Analysenvorschriften werden angegeben.

Определение содержания матирующего вещества в суспензиях двуокиси титана и матированном полиамиде

Для анализа суспензий разработаны комплексометрический, нефелометрический и колориметрический методы, а также метод определения плотности, выбор которых зависит от содержания лактама в суспензии. В качестве экспресс-метода для определения содержания матирующего вещества в полиамиде оправдал себя колориметрический метод. Приведены данные об областях применения и воспроизводимости перечисленных методов и даны подробные описания проведения анализов.

Determination of the Content of Matting Agents in Suspensions of Titanium Dioxide and Dull Polyamide

A complexometric, nephelometric and colorimetric method have been developed for application according to the lactam content of the suspension to be analysed. Rapid Determination of the content of matting agents in polyamide was achieved by a colorimetric method. The ranges of application and reproducibility of the methods proposed are explained and working prescriptions are given.

1. *Einleitung*

Titandioxid wird mit großem Erfolg als Mattierungszusatz für Polycaproamid und für viele andere Chemiefaserstoffe zur Anwendung gebracht [1]. Bei der Polymerisation des Caprolactams zu Polycaproamid wird es dem Ansatz als wäßrige Suspension hinzugefügt. Um eine gleichmäßige Mattierungsmitteldosierung zu garantieren, muß eine regelmäßige Überprüfung des Mattierungsmittelgehaltes in der Suspension erfolgen. Ebenfalls ist es nötig, das Polyamid auf seinen Mattierungsmittelgehalt zu überprüfen, da Ungleichmäßigkeiten in der Mattierung den Weißgrad verändern, sich in der Mehrfadenverarbeitung der Polyamidseide als Streifigkeit auswirken und ebenfalls den Ausfall der Farben beeinflussen. Im folgenden sollen Methoden zur Bestimmung des Mattierungsmittelgehaltes in Titandioxidsuspensionen und mattiertem Polyamid beschrieben und hinsichtlich ihrer Durchführbarkeit bei der Betriebsanalyse und ihrer Aussagekraft diskutiert werden.

Tabelle 1. Mattierungsmittel für Chemiefaserstoffe

Produkt	Hersteller	% TiO_2
KRONOS AVF	Titangesellschaft mbH Leverkusen	95
KRONOS AV	Titangesellschaft mbH Leverkusen	97
KRONOS AD	Titangesellschaft mbH Leverkusen	99
KRONOS RN 56	Titangesellschaft mbH Leverkusen	95
ANATAS AT 1	Titafrance Frankreich	98
Tioxide A-LF	British Titan Products Co. Ltd.	95
Tioxide A-DM	British Titan Products Co. Ltd.	98

Für den Betriebschemiker, der mit Titandioxid-Standardprodukten arbeitet, ist die Kenntnis des absoluten Titandioxidgehaltes seiner Produkte nicht so wichtig wie die Kenntnis über die Erfüllung der Qualitätsnorm und den Verbleib des eingesetzten Mattierungsmittels. Die Mattierungsprodukte für Chemiefaserstoffe, die immer stärker als Pulver zur Anwendung kommen, besitzen einen Titandioxidgehalt von über 90%, so daß sich dieser und der Mattierungsmittelgehalt, wie Tabelle 1 ausweist, fast entsprechen. Deshalb basieren auch einige Analysenmethoden auf titanspezifischen chemischen Reaktionen.

2. *Diskussion der Verfahren*

2.1. *Bestimmung des Mattierungsmittelgehaltes von Titandioxidsuspensionen*

2.1.1. *Veraschungsmethode*

Die Bestimmung des Glührückstandes bietet sich als einfachstes Verfahren an, da das Mattierungsmittel in entsalztem Wasser suspendiert wird, das als Aschebildner höchstens noch einen geringen Zusatz von Polyphosphat (0,1 bis 0,2%, auf Pigment bezogen) enthält. Vor der Veraschung muß allerdings das Wasser in einem zeitraubenden Prozeß vorsichtig verdampft werden.

Schwierigkeiten entstehen bei größeren Lactamzusätzen zur Suspension, die ein Verspritzen aus dem Tiegel bei der Veraschung begünstigen.

Bei sorgfältigem Arbeiten erhält man bei wäßrigen Suspensionen gut reproduzierbare Werte, wie Tabelle 2 zeigt.

Analysendauer: 4 h.

2.1.2. *Maßanalytische Methoden*

Der Mattierungsmittelgehalt ist reduktometrisch [2, 3, 4] oder komplexometrisch [5] nach Aufschluß des Titandioxids mit einem Gemisch aus Schwefelsäure

Tabelle 2. Reproduzierbarkeit der Analysenergebnisse bei Suspensionen in g Mattierungsmittel/l

Methode	Bearbeiter	s [g/l]	v [%]	$q\,(S = 95\%)$ [g/l]
Glührückstand	Einzel	± 0,24	0,25	± 0,1
Komplexometrie	Einzel (eingearb. AK)	± 0,6	0,7	± 0,5
Kolorimetrie	Einzel	± 2,3	3,7	2,0
Nephelometrie	Einzel	± 1,5	2,5	1,2
Dichte	Einzel	± 0,6	0,6	± 0,2
Dichte	Schichtbetr.	± 0,5	0,6	± 0,7

und Ammoniumsulfat [6] gut zu erfassen. Das Titanylsulfat wird nach *Pribil* [7] in den gelben Peroxytitanyläthylendiamintetraessigsäure-Komplex überführt und der Überschuß des Äthylendiamintetraacetates mit Wismutnitratlösung bei pH = 2 gegen Xylenolorange zurücktitriert.

Die komplexometrische Methode ist durch den Aufschluß mit etwas mehr manueller Arbeit verbunden, gestattet aber, die Analyse in 2 h zu beenden. Sie eignet sich auch für die Analyse von Suspensionen mit großem Lactamzusatz, wobei allerdings zur Naßveraschung des Lactams der Aufschlußmischung Kaliumnitrat zugegeben werden muß. Die Reproduzierbarkeit ist, wie aus Tabelle 2 zu ersehen, befriedigend.

2.1.3. Kolorimetrische Methoden

Farbreaktionen des Titans mit Wasserstoffperoxid zu dem gelben Peroxytitanylion [9], mit Diantipyrylmethan [10] oder Chromazurol S [11] können zur kolorimetrischen oder photometrischen Bestimmung des Titans in seinen Lösungen dienen.

Zur Analyse von Suspensionen muß also ein Aufschluß erfolgen, dem sich dann die Farbreaktion anschließt.

Wir haben die kolorimetrische Bestimmung des Mattierungsmittelgehaltes in Suspensionen als Peroxytitanylkomplex bearbeitet und diese Methode als brauchbar, vor allem für lactamhaltige Suspensionen, erfunden. Sie ist etwas weniger aufwendig als das komplexometrische Verfahren. *Analysendauer*: 1,5 bis 2 h.

Die Reproduzierbarkeit ist nach Tabelle 2 befriedigend.

2.1.4. Nephelometrische Methode

Bei gut stabilisierten Suspensionen ist es auch möglich, die Mattierungsmittelkonzentration nach Verdünnung durch Trübungsmessung zu bestimmen. Diese Methode kommt nur für Suspensionen mit niedrigen Titandioxidgehalten in Frage, da die Messungen im *Lange*-Kolorimeter nur im Bereich von ca. 0,5 bis 4 mg TiO_2/100 ml günstig und reproduzierbar sind.

Dementsprechend ist eine starke Verdünnung der Stammsuspension nötig, die sich auf die Genauigkeit der Methode nicht vorteilhaft auswirkt.

Die Methode dürfte aber für die Schnellanalyse von stark lactamhaltigen Suspensionen von Interesse sein. *Analysendauer:* 30 min.

Die Reproduzierbarkeit ist gemäß Tabelle 2 unter dem Aspekt des Zeitgewinnes durchaus noch diskutabel.

2.1.5. Dichtemethode [8]

Wäßrige Mattierungsmittelsuspensionen, die nur geringe sonstige Zusätze enthalten (z. B. bis zu 5% Caprolactam), kann man praktisch als Zweistoffsysteme ansehen, deren Dichten bei konstanter Temperatur nur vom Mattierungsmittelgehalt abhängen. In dem interessierenden Bereich von 30 bis 200 g/l ergibt sich eine Gerade in dem Mattierungsmittel-Dichte-Diagramm.

Bei steigenden Lactamzusätzen macht sich der Einfluß des Caprolactams auf die Dichte bemerkbar, und man erhält ein ternäres Gemisch, das sich nicht mehr durch eine physikalische Größe charakterisieren läßt. Zur Analyse solcher Mattierungsmittelsuspensionen wird man zur chemischen oder nephelometrischen Methode greifen müssen. Für vorwiegend wäßrige Suspensionen wurde die Dichtemethode mit gutem Erfolg angewendet.

Analysendauer: 30 min.

Die Reproduzierbarkeit ist, wie Tabelle 2 ergibt, gut.

2.2. Bestimmung des Mattierungsmittelgehaltes von Polyamid

2.2.1. Veraschungsmethode

Durch Veraschen und Glühen erhält man als Glührückstand den Mattierungsmittelgehalt des Polyamids [12]. Da man annehmen darf, daß der Gehalt an unverbrennbarer Substanz sich praktisch mit dem Mattierungsmittelgehalt deckt, wird diese Methode überall für die Betriebskontrolle von mattiertem Polyamid angewendet. Versuche von Naßveraschung von Polyamidmaterial mit Aufschlußsäure zeigten, daß man sehr lange Aufschlußzeiten benötigt [5].

Aus diesem Grunde wurden diese Arbeiten bei uns nicht fortgesetzt. Es wurden auch Vorschläge zur Lösung des Polyamids und anschließender nephelometrischer Bestimmung des Mattierungsmittelgehaltes gemacht [13], die sich aber nicht zu einer Betriebskontrollmethode entwickelt haben.

Für die Veraschungsmethode wird eine *Analysendauer* von 2,5 h angesetzt.

Die Reproduzierbarkeit ist gut, wie Tabelle 3 ausweist.

2.2.2. Kolorimetrische Methode

Eine kolorimetrische oder komplexometrische Bestimmung des Mattierungsmittelgehaltes in Polyamid setzt die Veraschung der Probe und den Aufschluß der Asche voraus. Sie gewährt nur dann einen praktischen Vorteil, wenn bei mindestens gleicher Genauigkeit die Analysenzeit abgekürzt werden kann. Da die kolorimetrische Methode kleine TiO_2-Mengen zu erfassen gestattet, so kann mit kleinen Polyamideinwaagen gearbeitet werden. Diese sind rasch veraschbar und können nach kurzem Glühen sofort aufgeschlossen werden. Dies gestattet gegenüber der obigen Methode etwa 1 h

Tabelle 3. Reproduzierbarkeit der Analysenergebnisse bei Polyamid in % Mattierungsmittelgehalt

Methode	Bearbeiter	s [% Matt.]	V [%]	$q\,(S = 95\%)$ (% Matt.)
Glührückstand	Einzel	± 0,01	2	± 0,01
Meth. Glührückstand	Schichtbetrieb	± 0,01	2	± 0,01
Glührückstand	versch. Laboratorien	± 0,02	4	± 0,02
Kolorimetrisch	Einzel	± 0,01	2	± 0,003

Zeiteinsparung. Außerdem werden Fehlerquellen beim Auswiegen der relativ niedrigen Aschemengen vermieden.

Analysendauer: 1,5 h.

Die Reproduzierbarkeit ist gemäß Tabelle 3 gut.

3. *Analysenvorschriften der neu erarbeiteten Methoden*

3.1. *Komplexometrische Bestimmung des Mattierungsmittelgehaltes in Suspensionen*

0,5 bis 2,5 g Suspension werden in Differenzwägung in einem 100-ml-Kjeldahlkolben eingewogen, mit 30 ml Aufschlußsäure versetzt und unter Erhitzen vorsichtig bis zur klaren Lösung aufgeschlossen. Die gelb gefärbte Mischung läßt man abkühlen und verdünnt sie mit destilliertem Wasser auf 250 ml im Maßkolben. 50 ml davon werden abpipettiert und mit 3 bis 5 Tropfen Wasserstoffperoxid (30%ig), 20 ml Triäthanolamin und einem gemessenen Überschuß (20 bis 30 ml) an M/10 Komplexon-Lösung versetzt. Der pH-Wert der Lösung beträgt bei den angegebenen Volumina an Säure und Triäthanolamin 2. Man läßt die Lösung 10 min stehen und titriert nach Zugabe von 1 ml 1%iger frisch bereiteter wäßriger Lösung von Xylenolorange dem Komplexonüberschuß mit M/10 Wismutnitratlösung zurück. Der Farbumschlag erfolgt von gelb nach rot.

Lactamhaltige Suspensionen (über 5%) werden rascher durch einen Zusatz von Kaliumnitrat aufgeschlossen. Je nach Lactamgehalt und Einwaage werden 1 bis 5 Spatel KNO_3 nacheinander dem Aufschluß zugegeben und die auftretenden nitrosen Gase unter dem Abzug verkocht.

Berechnung:

Vorlage an M/10 ÄDTA in ml = a,
Verbrauch an M/10 Wismutnitrat in ml = b,
Faktor der M/10 ÄDTA (mit dem Mattierungsmittel festgestellt) = f,
Dichte der Suspension in g/cm³ = d,

$$\frac{(a - b) \times 7{,}99 \times 5 \times f}{\text{Einwaage in g} \times 10} = \text{Mattierungsmittel in \%},$$

$$\frac{(a - b) \times 7{,}99 \times 5 \times f \times d}{\text{Einwaage in g}} = \text{g Mattierungsmitel/l}.$$

3.2. *Bestimmung des Mattierungsmittelgehaltes in TiO_2-Suspensionen nach der Dichtemethode*

Die Suspensionsprobe wird auf 25 °C ± 1 grd temperiert und gut durchgeschüttelt. Anschließend füllt man einen trockenen, gewogenen 100-ml-Maßkolben bis zur Marke mit der Suspension, wobei Schaumbildung zu vermeiden ist. Der mit der Suspension gefüllte Kolben wird mit einem Glasstopfen verschlossen und gewogen.

Berechnung:

Masse des Kolbens + Suspension = A,
Masse des leeren Kolbens = B,
Dichte: $A - B/100{,}00$ [g/cm³].

Der Mattierungsmittelgehalt in g/l wird aus einer Eichtabelle oder Eichkurve anhand der festgestellten Dichte ermittelt.

Die Werte für die Eichtabelle oder Kurve erhält man, indem man genau 10 ml Suspension eindampft, verascht, 1 h bei 800 °C glüht und die Asche, die dem Mattierungsmittel entspricht, auswägt und auf g Mattierungsmittel/l bezieht.

3.3. *Nephelometrische Methode zur Bestimmung des Mattierungsmittelgehaltes in lactamhaltigen TiO_2-Suspensionen*

Die lactamhaltige Suspension wird auf 20 °C temperiert und sehr gut durchgeschüttelt. Man pipettiert davon 10 ml in einen 1000-ml-Maßkolben und füllt mit neutralem (pH = 6 bis 7) destilliertem Wasser von 20 °C bis zur Marke auf. Die verdünnte Suspension wird gut durchgemischt. Man entnimmt davon mittels Pipette 5 ml, die im Maßkolben mit neutralem und auf 20 °C temperiertem, destilliertem Wasser auf 250 ml aufgefüllt werden. Nach guter Durchmischung werden 100 ml in eine saubere Küvette des *Lange*-Kolorimeters gegeben und die Absorption gegen destilliertes Wasser gemessen.

Der Mattierungsmittelgehalt in g/l wird aus einer Eichkurve abgelesen.

Die Eichkurve stellt man aus verschieden konzentrierten Suspensionen, deren Mattierungsmittelgehalt nach der Veraschungsmethode festgestellt wurde, nach dem oben beschriebenen Verfahren auf.

3.4. *Kolorimetrische Bestimmung des Mattierungsmittelgehaltes in Polyamid*

Je nach Mattierungsmittelgehalt (0,3 bis 2%) werden 1 bis 0,2 g Polyamid in einer Platin- oder Quarzschale eingewogen, verascht und die Asche 1 min bei 800 °C geglüht. Man läßt kurz abkühlen und bringt die Asche durch vorsichtiges Erhitzen mit 5 ml Aufschlußsäure (500 g Ammoniumsulfat in 750 ml konzentrierter Schwefelsäure gelöst) in Lösung und verdünnt mit destilliertem Wasser zu 250 ml. 100 ml der verdünnten Lösung werden in eine Küvette des *Lange*-Kolorimeters pipettiert, 1 ml einer 50%igen Ammoniumperoxydisulfatlösung und 1 ml einer ca. 15%igen Wasserstoffperoxidlösung hinzugegeben und gut vermischt.

Man mißt die Absorption der Lösung im *Lange*-Kolorimeter unter Verwendung eines Hellblaufilters gegen destilliertes Wasser.

Berechnung:

$$\text{\% Mattierungsmittel} = \frac{G}{E}\,\frac{[\text{g} \times \%]}{[\text{g}]}.$$

E = Einwaage in g,
G = aus der Eichkurve abgelesener Wert,
$G = A$ g-Mattierungsmittel $\times$ 2,5 $\times f \times$ 100 [%],
f = Korrekturfaktor, der bei KRONOS AD 0,906 und bei KRONOS AVF 0,933 beträgt.

Die Eichkurven werden mit den entsprechenden Mattierungsmitteln nach obiger Verfahrensweise aufgestellt.

4. *Zusammenfassung*

Als Beitrag zur Qualitätskontrolle der Polyamidproduktion wurden der Stand der Analysenmethodik zur Bestimmung des Mattierungsmittelgehaltes in Titandioxidsuspensionen und mattiertem Polyamid dargelegt, die Anwendungsgebiete der einzelnen Analysenmethoden gezeigt und die Reproduzierbarkeit durch Standardabweichung, Variationskoeffizient und Vertrauensbereich des Mittelwertes unterstrichen. Zur Suspensionsanalyse wurden ein komplexometrisches, ein nephelometrisches und ein kolorimetrisches Verfahren sowie eine Dichtemethode entwickelt. Für stärker lactamhaltige Suspensionen eignen sich die komplexometrische, die kolorimetrische und in bestimmten Fällen die nephelometrische Methode.

Zur Schnellbestimmung des Mattierungsmittelgehaltes in Polyamid bewährte sich ein kolorimetrisches Verfahren.

Für die Erlaubnis zur Veröffentlichung danken wir dem VEB Chemiefaserkombinat Wilhelm-Pieck-Stadt Guben. Wertvolle Hinweise verdanken wir Herrn Dr. *Dinse* (VEB Chemiefaserkombinat Wilhelm-Pieck-Stadt Guben). Beiträge zu dieser Arbeit leisteten außerdem: Fräulein Chemieing. *Joschko* und die Herren Textiling. *Borisch* und *Frohs*, wofür ihnen recht herzlich gedankt sei.

5. Literatur

[1] *Rieck, G.*: Die Anwendung von Titandioxid-Pigmenten zur Mattierung von Chemiefasern. Chemiker-Ztg. **90** (1966) S. 475.

[2] Titangesellschaft Leverkusen mbH: KRONOS-Blätter 1.2.1. Maßanalytische Bestimmung von Titandioxid unter Verwendung eines Cadmium-Reduktors. Nov. 1960.

[3] Titangesellschaft Leverkusen mbH: KRONOS-Blätter 1.2.2. Maßanalytische-Bestimmung von Titandioxid mit Aluminiumfolien. Mai 1961.

[4] Titangesellschaft Leverkusen mbH: KRONOS-Blätter 1.2.3. Maßanalytische-Bestimmung von Titandioxid nach Reduktion mit Aluminium-Grieß. März 1963.

[5] *Joschko, E.*: Komplexometrische Bestimmung des Titandioxidgehaltes in Polyamidschnitzeln und Titandioxidsuspensionen. Ing.-Arb., Ing.-Schule f. Chemie Berlin 1966.

[6] *Rahm, J. A.*: Determination of titanium in pigments and ores. Analytic. Chem. **24** (1952) S. 1832—1833.

[7] *Pribil, R.*, und *Vesely, V.*: Bestimmung von Titan in Titan-Aluminium-Legierungen. Chemist-Analyst **52** (1963) S. 43.

[8] Werkstandard CFS 3-2003 des VEB Chemiefaserkombinat Wilhelm-Pieck-Stadt Guben: Prüfung von Chemiefaserstoffen — Bestimmung des Mattierungsmittelgehaltes in vorwiegend wäßrigen Titandioxidsuspensionen nach der Dichtemethode —. 1968.

[9] *Ulrich, H. M.*: Handbuch der chem. Untersuchung der Textilfaserstoffe. Bd. 3. Wien: Springer 1962, S. 565—571.

[10] *Jeffery, P. C.*, und *Gregory, E. G.*: Photometrische Bestimmung von Titan in Gesteinen mit Diantipyrylmethan. Analyst **90** (1965) S. 177—179.

[11] *Bisiois, S. D.*, *Seth, R. L.*, und *Dey, A. K.*: Photometrische Bestimmung von Titan mit Chromazurol S. Z. analyt. Chemie (1967) S. 431—432.

[12] Werkstandard CFS 3-2001 des VEB Chemiefaserkombinat Wilhelm-Pieck-Stadt Guben: Prüfung von Chemiefaserstoffen — Bestimmung des TiO_2-Gehaltes in Polyamid —. 1965.

[13] Unveröffentlichte Mitteilung des Instituts für Technologie der Chemiefasern Rudolstadt/Schwarza: nephelometrische TiO_2-Bestimmung in Polyamid.

Eingegangen am 20. November 1968

Zum Einfluß der Nachreife auf den Partikelgehalt von Viskosen

Gotthard Schwager, Maria Wagner, Harry Schleicher und Burkart Philipp

VEB Spinnstoffwerk „Otto Buchwitz" Glauchau/Sa. und

Deutsche Akademie der Wissenschaften zu Berlin, Institut für Faserstoff-Forschung in Teltow-Seehof

DK 677.463.021.22:677.463.021.311:677.463.021.32:541.182.02:543.257.5

Die Änderung der Teilchenzahl von Viskoselösungen während der Nachreife wurde in Abhängigkeit vom Zellstofftyp, den Sulfidier- und Lösebedingungen und der Nachreifetemperatur untersucht. Nur bei naßsulfidierten Viskosen, nicht aber nach trockener Xanthogenierung in der Baratte tritt eine erhebliche Zunahme der konduktometrisch registrierten Partikelzahl während der Nachreife ein, wobei diese Änderung der Teilchenzahl mit sinkender Nachreifetemperatur geringer wird und bei Reifetemperaturen unter 0 °C ihr Vorzeichen umkehrt. Zur Deutung der erhaltenen Ergebnisse wird von einem unterschiedlichen Quellungszustand der Gelpartikel ausgegangen.

О влиянии созревания вискоз на содержание геликов в них

В зависимости от вида целлюлозы, условий ксантогенирования и растворения, а также температуры созревания, изучено изменение содержания геликов в вискозных растворах в процессе созревания. При этом наблюдается значительное увеличение определенного кондуктометрическим путем числа геликов лишь в случае „мокрого" ксантогенирования, а не при „сухом" ксантогенировании в ксантатбарабане. увеличение числа геликов тем меньше, чем ниже температура созревания, причем при температурах ниже 0 °C наблюдается даже уменьшение числа геликов. Полученные результаты интерпретируются с точки зрения различной степени набухания геликов.

The Effect of the Ripening Process on the Particle Content in Viscose

The effects of the kind of pulp, sulfidation and dissolution conditions and ripening temperatures on the changes in particle number in viscose solutions has been investigated. The particle number recorded conductometrically was found to increase considerably during the ripening process with wet-sulfidation of the viscose rather than with dry-xanthogenation in the churn. This increase became smaller as the ripening temperature was reduced and changed to decrease at temperatures below 0 °C. The interpretation of the results obtained is based on different swelling degrees of the gel particles.

1. Einleitung

Über den Einfluß der Nachreife der Viskose auf deren Teilchenzahl existieren in der Literatur unterschiedliche Angaben. *Marschall* [1] hatte durch Filterwertbestimmung festgestellt, daß 20 h nach Abschluß des mechanischen Löseprozesses durch einen sogenannten „Nachlöseeffekt" eine Verbesserung des Filtrationsverhaltens auftrat, die allerdings nach unserer Auffassung teilweise auch auf das bekannte Absinken der Viskoseviskosität zu Beginn der Nachreife zurückzuführen ist. Von *Samuelson* [2] wurde nach längerer Reife eine geringe Verschlechterung des Filterwertes beobachtet, die jedoch wahrscheinlich durch die erhöhte Viskoseviskosität verursacht wurde. Die Nachreifeuntersuchungen von *Vosters* [3] durch Bestimmung von korrigierten Filterwerten, von *Kolos* [4] durch konduktometrische Partikelzählung und von *Schleicher* [5] durch Bestimmung von Partikelzahlen und viskositätskorrigierten Filterwerten ließen bei Viskosen, die nach einem klassischen Verfahren hergestellt waren, keine Veränderung der Teilchenzahl in Abhängigkeit von der Nachreifedauer erkennen. *Iovleva* und *Papkov* [6] hatten für ihre Viskosen bei Einsatz von 40% CS_2 mit fortschreitender Nachreife eine ständige Abnahme und bei Einsatz von 80 und 120% CS_2 zunächst eine Zunahme und dann ebenfalls eine Abnahme der mit einer optischen Methode ermittelten Teilchenzahl festgestellt.

Bei Viskosen, die nach einem Naßsulfidierverfahren hergestellt waren, beobachteten wir vor einiger Zeit eine unterschiedlich starke Zunahme der Teilchenzahl mit fortschreitender Nachreife. Wir prüften daraufhin durch systematische Untersuchungen, unter welchen Viskosier- und Nachreifebedingungen bei Einsatz unterschiedlicher Zellstoffe eine Veränderung der Teilchenzahl mit der Nachreife der Viskose auftritt.

2. Versuchsmethodik

Die für die Versuche eingesetzten Zellstoffe sind mit ihren wichtigsten analytischen Daten in Tabelle 1 zusammengestellt. Die Viskosierung erfolgte normalerweise in einer kleintechnischen Anlage unter Einsatz von 1,1 kg lufttrockenem Zellstoff. Daneben wurden einige ergänzende Untersuchungen zur Barattensulfidierung in einer Laboranlage mit 150 g Zellstoffeinsatz sowie einige Versuche mit Betriebsalkalicellulose bzw. Betriebsviskose bei Einsatz von Buchenzellstoffen durchgeführt.

Der Zellstoff wurde in einer Tauchpresse normalerweise 60 min bei 20 °C mit Natronlauge einer Konzentration von 240 g/l NaOH bei einem Gehalt von 10 g/l Hemicellulose alkalisiert, die Alkalicellulose auf einen Cellulosegehalt von etwa 32 bis 34% abgepreßt, zerfasert und vorgereift. Bei der Naßsulfidierung im Kneter wurde sofort nach Beendigung der CS_2-Zugabe die Löselauge zudosiert; nach 1 h Knetzeit erfolgte die Lösewasserzugabe. Zum Vergleich mit der Naßsulfidierung wurden auch verschiedene Viskosen durch Trockensulfidierung im Kneter (90 min Sulfidierzeit, Lösen des Xanthats entweder im Kneter oder im Löser) und durch Sulfidierung in einer Baratte (2 h Sulfidierzeit, Lösen des Xanthats im Löser) hergestellt. Der CS_2-Einsatz betrug bei den Versuchen zumeist 36%, der Cellulosegehalt der Viskosen etwa 8,2% und der Alkaligehalt etwa 5,8%. Die Nachreife der Viskose erfolgte in verschlossenenen Glas- bzw. Plastbehältern unter Kontrolle des γ-Wertes bei +28, +20, +3 °C und in einigen Fällen auch bei −10 °C. Da die Reife bei den verschiedenen Temperaturen unterschiedlich schnell verläuft, wurden die Teilchenzahlen und Filterwerte der Viskosen nach unterschiedlicher Reifezeit bei etwa gleichen γ-Werten verglichen.

Die Filterwertbestimmung führten wir mit ca. 400 ml fassenden Bomben aus VA-Stahl mit 4 cm² Filterfläche bei 2 at Stickstoffüberdruck unter Verwendung von Linterspapier (*Schleicher* und *Schüll*, Nr. 598) als Filtermaterial aus (vgl. [7]). Die Teilchenzählung wurde mit Viskose, die vor der Messung auf 1,6% Cellulose und 2% NaOH verdünnt war, mit dem konduktometrischen Teilchenzähler „ZG 1" (VEB Transformatoren- und Röntgenwerk Dresden) durchgeführt. Die nachstehend angegebenen Teilchenzahlen beziehen sich stets auf 1 g Cellulose in der Viskose (vgl. [7]).

Tabelle 1. Analysendaten der Zellstoffe

Zellstoff		α-Cellulose [%]	Alkoholextrakt [%]	Asche [%]
Fichte-Sulfit	FiSi 1	91,3	0,26	0,06
Fichte-Sulfit	FiSi 2	89,7	0,80	0,15
Fichte-Sulfat	FiSa	96,9	0,05	0,04
Buche-Sulfit	BuSi 1	91,1	0,44	0,19
Buche-Sulfit	BuSi 2	91,6	0,30	0,12
Buche-Sulfit	BuSi 3	89,7	0,36	0,04
Buche-Sulfit	BuSi 4	90,6	0,39	0,16
Buche-Sulfat	BuSa	94,0	0,28	0,07
Schilf-Sulfat	SchiSa	92,0	0,28	0,47

3. Versuchsergebnisse

Bei der Untersuchung von Viskosen, die durch Naßsulfidierung hergestellt waren, fanden wir, daß sich die Teilchenzahl während der Nachreife laufend erhöhte und der Filterwert verschlechterte. Wie aus Tabelle 2 an einigen Beispielen zu ersehen ist, kann sich der Filterwert bis zu etwa 100% verschlechtern, wenn die Viskosen bis zur Spinnreife gereift werden. Obwohl die Teilchenzunahme bei den verschiedenen Viskosen recht unterschiedlich war, konnten wir keine Relation zur Qualität der eingesetzten Zellstoffe finden. Lediglich bei Einsatz eines Fichtensulfat- und eines Schilfsulfatzellstoffes beobachteten wir nur eine geringe bzw. keine

Tabelle 2. Änderung der Teilchenzahl und des Filterwertes während der Nachreife bei naßsulfidierten Viskosen (Nachreifetemperatur 28 °C)

Zur Viskosierung eingesetzter Zellstoff	Nachreifezeit [h]	γ-Wert der Viskose	Teilchen/g Cellulose mit $d > 20\ \mu m$	R_v-Wert
FiSi 1	1	58	49750	708
	24	36	97880	395
FiSi 2	1	58,5	44750	796
	24	34,5	76000	450
FiSa	2	58	98250	485
	24	37	109750	399
BuSi 1	2	61	79880	453
	30	36	125870	302
BuSi 2	2	60	73750	680
	26	36	106500	550
BuSi 3	1	61	74750	448
	29	35	107125	360
BuSi 4	2	62	108750	248
	28	36	247250	130
BuSa	2	59	95380	598
	28	36	123880	478
SchiSa	1	61	231500	123
	23	36	231620	191

Tabelle 3. Einfluß der Sulfidier- und Lösebedingungen auf die Veränderung der Partikelzahl während der Nachreife bei Einsatz des Zellstoffs BuSi 1 (Nachreifetemperatur 28°C)

Viskoseherstellung	Nachreifezeit [h]	γ-Wert der Viskose	Teilchen/g Cellulose mit $d > 20$ µm	R_v-Wert
Naßsulfidierung im Kneter	2 28	61 36	79880 125880	453 308
Trockensulfidierung in der Baratte, Lösen im Löser[1])	1 28	57 35	131750 138250	378 349
Trockensulfidierung im Kneter, Lösen im Kneter	1 24	60 37	111380 140120	526 415
Trockensulfidierung im Kneter, Lösen im Laborlöser	1 25	60 37	60380 68250	—

[1]) keine optimalen Viskosierbedingungen.

Teilchenzunahme während der Nachreife einer naßsulfidierten Viskose. Verschiedene Veränderungen bei der Herstellung einer naßsulfidierten Viskose, wie z. B. eine Verringerung des Hemicellulosegehaltes der Tauchlauge oder ein verändertes Temperatur- und Zeitprogramm bei der Viskosierung, hatten keinen signifikanten Einfluß auf die Veränderung der Teilchenzahl während der Nachreife. Eine Tensidzugabe während der Viskoseherstellung führte bei den wenigen von uns mit verschiedenen Zellstoffen durchgeführten Versuchen zu etwas widersprüchlichen Ergebnissen, keineswegs aber zu einem generellen Ausbleiben der Teilchenzahlerhöhung während der Nachreife.

Eine Erhöhung des CS_2-Einsatzes von 36% auf 50% ergab bei den aus Buchenzellstoffen hergestellten Viskosen eine Verringerung des Anstiegs im Partikelgehalt während der Nachreife.

Da frühere Nachreifeuntersuchungen an Viskosen, die durch Barattensulfidierung aus Fichtenzellstoffen hergestellt waren, keine Veränderung in der Teilchenzahl ergeben hatten, wurden diese Untersuchungen unter Einsatz verschiedener Buchenzellstoffe nochmals wiederholt. Wir stellten fest, daß durch Barattensulfidierung hergestellte Viskosen auch bei Einsatz von Buchenzellstoffen meist keine Zunahme der Teilchenzahl in der Viskose während der Nachreife zeigen. Lediglich bei sehr ungünstigen Viskosierbedingungen (Einsatz ungleichmäßig oder ungenügend abgepreßter Alkalicellulose, mangelhafte Sulfidierung, Lösen des Xanthats in einem wenig intensiv wirkenden Löser) kann eine geringfügige Zunahme der Teilchenzahl während der Nachreife eintreten.

Die Trockensulfidierung im Kneter nimmt hinsichtlich der Verfahrensweise eine Mittelstellung ein zwischen der Viskoseherstellung durch Trockensulfidierung in der Baratte und der Viskoseherstellung durch Naßsulfidierung im Kneter.

Wir fanden bei den Untersuchungen der aus Buchenzellstoffen durch Trockensulfidierung im Kneter hergestellten Viskosen eine erhebliche Teilchenzunahme während der Nachreife, die jedoch nicht das volle Ausmaß der nach einer Naßsulfidierung auftretenden Teilchenzahlerhöhung erreichte. Wenn das im Kneter trokken sulfidierte Xanthat jedoch statt im Kneter in einem intensiv wirkenden Laborlöser zu Viskose gelöst wird, dann beobachtet man nur eine relativ geringe, in der Größenordnung von 10% liegende Zunahme der Teilchenzahl während der Viskosenachreife (vgl. Tabelle 3).

Tabelle 4. Veränderung der Teilchenzahl einer durch Naßsulfidierung hergestellten Viskose durch Filtration und Nachreife (Zellstoff BuSi 1, Nachreifetemperatur 20°C, Filtermaterial: 1 × PeCe Kalmuck und 1 × PeCe Nessel)

Viskose	Nachreifezeit [h]	Teilchen/g Cellulose mit $d > 20$ µm
Rohviskose	1	146500
nach 1. Filtration	4	46380
vor 2. Filtration	25	81380
nach 2. Filtration	26	40750
vor 3. Filtration	49	53250
nach 3. Filtration	50	44000

Tabelle 5. Teilchenzahl und Teilchenretention bei der Filtration in Abhängigkeit von der Viskoseherstellung (Filtermaterial: Baumwollbarchent)

Viskose	Teilchen/g Cellulose mit		% Teilchenretention für Teilchen	
	$d > 16$ µm	$d > 35$ µm	$d > 16$ µm	$d > 35$ µm
Naßsulfidierung im Kneter	437000	21000	57	78
Naßsulfidierung im Kneter + 20 min Nachlösen im Laborlöser	256000	15500	57	87
Trockensulfidierung in Laborbaratte, Lösen im Laborlöser	44500	1300	67	86

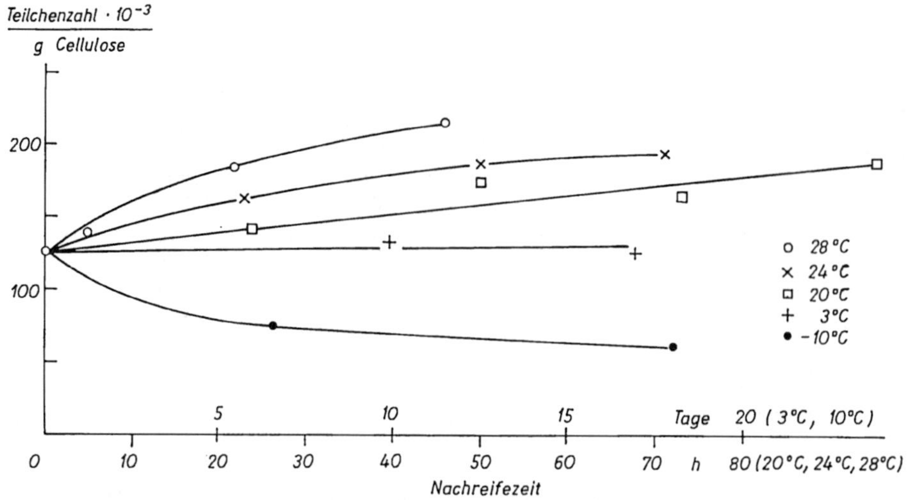

Bild 1. Einfluß der Nachreifetemperatur auf die Zunahme der Gesamt-Teilchen-Zahl während der Nachreife einer naßsulfidierten Viskose (Zellstoff BuSi)

Eine Filtration der Viskose unter technischen Bedingungen führt natürlich in allen Fällen zu der erwarteten Verringerung der Gesamt-Teilchenzahl. Jedoch ist auch in den Filtraten naßsulfidierter Viskosen beim Stehenlassen wieder eine erhebliche Zunahme der Partikelzahl festzustellen (Tabelle 4). Die Ursache für den Anstieg der Partikelzahl während der Viskosenachreife wird also auch durch eine vorherige Filtration nicht beseitigt. Bei solchen naßsulfidierten Viskosen, die einen erheblichen Anstieg der Partikelzahl während der Nachreife zeigten, beobachteten wir gleichzeitig eine wesentlich verringerte Teilchenretention bei einer Prüffiltration gegenüber den entsprechenden, in der Baratte sulfidierten Viskosen (Tabelle 5).

Wurden jedoch solche naßsulfidierte Viskosen in einem intensiv wirkenden Laborlöser nachgelöst, so ergab sich eine Viskose, die nicht nur eine erheblich geringere Anfangs-Teilchenzahl, sondern bei einer Prüffiltration für die großen Partikel auch einen höheren Retentionswert aufwies.

Einen ganz erheblichen Einfluß auf die Änderung der Teilchenzahl während der Viskosenachreife hat die Nachreifetemperatur (Bild 1). Innerhalb des untersuchten Intervalls von +28 bis −10 °C sank vor allem bei naßsulfidierten Buchenviskosen die prozentuale Teilchenzunahme ständig ab, um bei etwa +3 °C den Wert Null zu erreichen. Bei einer weiteren Senkung der Nachreifetemperatur, etwa auf −10 °C, wurde dann sogar eine Umkehrung der Verhältnisse, d. h. eine erhebliche Verringerung der Partikelzahl mit zunehmender Reifedauer beobachtet.

Diese Abnahme der Teilchenzahl während der Nachreife bei tiefen Temperaturen trat auch bei solchen naßsulfidierten Viskosen in Erscheinung, die bei 20 °C Nachreifetemperatur keine oder nur eine geringe Zunahme der Teilchenzahl erkennen ließen (z. B. Viskose aus FiSa). Wurden die bei tiefen Temperaturen nachgereiften Viskosen anschließend bei höheren Temperaturen, z. B. 20 oder 28 °C, weiter nachgereift, so war zumindest bei Buchenviskosen wieder eine Erhöhung der Teilchenzahl zu beobachten.

4. *Zusammenfassende Diskussion der Ergebnisse*

Nach den hier erhaltenen Ergebnissen kann während der Nachreife der Partikelgehalt einer Viskose sowohl zu-, als auch abnehmen, als auch annähernd konstant bleiben, je nachdem, welcher Zellstoff eingesetzt, welches Viskosierverfahren gewählt und welche Nachreifetemperatur vorgegeben wird. Scheinbar gegensätzliche frühere Literaturangaben zum Einfluß der Nachreifedauer auf den Partikelgehalt stehen also nicht im Widerspruch zueinander. Den entscheidenden Faktor stellt hier offensichtlich das Viskosierverfahren dar, indem eine erhebliche Zunahme der Partikelzahl nur bei naßsulfidierten Viskosen eintritt, während bei in der Baratte sulfidierten Viskosen unter normalen Reifebedingungen die Partikelzahl weitgehend konstant bleibt. Im Kneter trocken sulfidierte Viskosen scheinen eine Mittelstellung zwischen diesen beiden Extremen einzunehmen. Die Partikelzahlzunahme bei der Nachreife naßsulfidierter Viskosen ist bei Verwendung ein und desselben Zellstoffs nach unseren Erfahrungen oft starken Schwankungen unterworfen, was einen Vergleich verschiedener Zellstoffe in dieser Hinsicht beträchtlich erschwert.

Durch stufenweise Senkung der Reifetemperatur ließ sich in allen Fällen eine erhebliche Verringerung der prozentualen Teilchenzunahme und schließlich in Umkehrung der Verhältnisse sogar eine Abnahme während der Nachreife erzielen. Die Ursache der Teilchenzahlerhöhung bei naßsulfidierten Viskosen läßt sich durch eine Filtration der Viskose nicht beseitigen. Für die Praxis kann sich hieraus eine Verringerung des erwarteten Filtrationseffektes bei Mehrfachfiltration mit längerer Wartezeit zwischen den einzelnen Filtrationsstufen ergeben.

Eine Diskussion der Ursachen für eine Änderung der Teilchenzahl während der Nachreife kann davon ausgehen, daß diese Änderung im allgemeinen in allen Größenklassen der konduktometrischen Zählmethode gleichsinnig auftritt, und daß mit einer Änderung der Teilchenzahl auch eine Änderung des Prüffilterwertes in der erwarteten Richtung eintritt.

Bei den mit der konduktometrischen Methode in einer Viskoselösung erfaßten Inhomogenitäten kann es sich bekanntlich um anorganische Partikel, Harzteilchen und schließlich echte cellulosische Gelteilchen handeln. Die Möglichkeit einer Teilchenzahlerhöhung bei den anorganischen Partikeln kann weitgehend ausgeschlossen werden, zumal gerade bei dem besonders asche- und SiO_2-reichen Schilfzellstoff auch nach Naßsulfidierung *keine* merkliche Erhöhung der Teilchenzahl festzustellen war. Auch für eine Aggregation von Harzpartikeln gibt es keinerlei experimentelle Hinweise. Der starke Einfluß der Viskosierbedingungen deutet unserer Auffassung nach darauf hin, daß eine Änderung der Partikelzahl mit den eigentlichen „cellulosischen" Gelteilchen in der Viskose zusammenhängt. In einer früheren Veröffentlichung [7] hatten wir bereits darauf hingewiesen, daß es Gelteilchen mit sehr unterschiedlichem Quellungsgrad gibt. Je nach Quellungsgrad der Teilchen wird dann auch die als Meßgröße in die konduktometrische Partikelzählung mit eingehende Leitfähigkeitsdifferenz zwischen Gelpartikel und umgebender „Lösung" unterschiedlich groß sein, und es wäre durchaus denkbar, daß diese Leitfähigkeitsdifferenz bei sehr hochgequollenen Partikeln annähernd Null wird und dann auch relativ großvolumige, aber sehr hochgequollene und leicht deformierbare Teilchen bei der kontuktometrischen Zählung entweder als wesentlich „kleinere" Partikel oder überhaupt nicht mehr registriert wurden, da der durch sie hervorgerufene Meßimpuls unter der Empfindlichkeitsgrenze des Gerätes liegt. Auf Grund unserer Versuchsergebnisse vertreten wir die Meinung, daß es sich 1. bei den die Änderung des Zählergebnisses wie des Filterwerts während der Nachreife hervorrufenden Partikeln in erster Linie um solche hochgequollenen, leicht deformierbaren, „potentiell löslichen" (vgl. [7]) Teilchen handelt, und daß 2. eine beobachtete Änderung des Zählergebnisses während der Nachreife nicht unbedingt ausschließlich auf eine Änderung der Partikelzahl in der betreffenden Größenklasse, sondern durchaus auch auf eine Änderung des Quellungszustandes und damit der Eigenleitfähigkeit der Partikel zurückgeführt werden kann. Anzahl und Größe solcher hochgequollener Partikel wie auch eine Änderung ihres Quellungszustandes wird dann in erster Linie von der Gleichmäßigkeit der Xanthatgruppenverteilung bei der Sulfidierung und den Möglichkeiten einer „Vergleichmäßigung durch Umxanthogenierung" bei Lösung und Nachreife abhängen. Während einer Nachreife bei Raumtemperatur und darüber könnte man dann damit rechnen, daß solche hochgequollenen Partikel, die ursprünglich auf Grund ihrer lockeren Netzstruktur bei der konduktometrischen Zählung nicht erfaßt wurden und auf Grund ihrer Deformierbarkeit auch ein dichtes Linterspapierfilter passierten, infolge eines Rückgangs im γ-Wert zu einer dichteren Gelstruktur entquellen und dann sowohl bei der Zählung registriert, als auch von einem Filter zurückgehalten werden. Eine Senkung der Reifetemperatur würde dann dieser Entquellung entgegenwirken und ggf. sogar eine weitere Aufquellung bis zur Lösung bewirken, einmal infolge verbesserter Solvatation der hydrophilen Gruppen, zum anderen wegen einer Verringerung der irreversiblen γ-Zahl-Abnahme zugunsten einer die Vergleichmäßigung fördernden Umxanthogenierung. Den starken Einfluß des Xanthogenierverfahrens auf die Teilchenzahlerhöhung könnte man dann vielleicht so deuten, daß bei der Naßsulfidierung infolge der starken Knet- und Scherwirkung und der niedriger, d. h. näher am Löseoptimum liegenden NaOH-Konzentration einzelne Anteile bereits vor Erreichen des an sich erforderlichen γ-Wertes von der Einzelfaser abgelöst werden und durch diesen gegenüber einem Faserxanthat ungleichmäßigeren Löseverlauf mehr hochgequollene Gelpartikel entstehen. Zur endgültigen Klärung dieser Fragen erscheinen allerdings weitere Untersuchungen, vor allem zur Substituentenverteilung bei naßsulfidierten im Vergleich zu klassischen Viskosen erforderlich.

Literatur

[1] *Marschall, A.:* Filtrationsuntersuchungen an Viskosen. Jentgen's Kunstseide u. Zellwolle **24** (1942) S. 188–199.

[2] *Samuelson, O.:* Investigations concerning the filtering properties of viscose. IV. Svensk Papperstidn. **52** (1949) S. 465–473.

[3] *Vosters, H. L.:* Filterability of viscose. V. Svensk Papperstidn. **57** (1954) S. 122–140.

[4] *Kolos, F.:* Über die Reinheit von Spinnlösungen. Lenzinger Ber., Lenzing/Österr., (1962) 12, S. 18–25.

[5] *Schleicher, H.:* Untersuchungen zur Prüffiltration und Teilchenzählung an Viskosespinnlösungen. Dissertation, Karl-Marx-Universität Leipzig 1965.

[6] *Iovleva, M. M.*, und *Papkov, S. P.:* Studium der Gelteilchen in der Viskose während der Nachreife. Chim. Volokna (Chem. Fasern) (1966) 1, S. 39–41; dt. in: Sowj. Beitr. Faserforsch. Textiltechnik **3** (1966) S. 250 bis 252.

[7] *Philipp, B.*, und *Schleicher, H.:* Zur Prüffiltration und Teilchenzählung an Viskosespinnlösungen. Faserforsch. u. Textiltechnik **15** (1964) S. 451–457.

Eingegangen am 23. Dezember 1968

Zu den Ursachen der Trockenanschmutzung von Textilien

Hans-Jörg Jacobasch und Hans-Joachim Flath[1])

Deutsche Akademie der Wissenschaften zu Berlin, Institut für Technologie der Fasern in Dresden

DK 677.494:539.612:677.862.555:677.019.172
537.3.08

Die verschiedenen möglichen Ursachen der Haftung von trockenem Pigmentschmutz an Faserstoffen werden erörtert. Als wesentlich für die Schmutzhaftung werden die faserstoffspezifischen Haftkräfte angesehen, die sich durch elektrokinetische Messungen charakterisieren lassen. Der Wirkungsmechanismus von schmutzabweisenden Ausrüstungen wird diskutiert.

К вопросу о причинах сухого загрязнения текстильных материалов

Изложены различные возможные причины адгезии сухой пигментной грязи к волокнам. В качестве существенного фактора рассматриваются специфические для отдельных видов волокон усилия адгезии, которые можно охарактеризовывать при помощи электрокинетических измерений. В заключение обсужден механизм действия грязеотталкивающей отделки.

Causes of Dry-soiling of Textiles

The various causes of the adhesion of dry pigmented soil to fibres are examined. The adhesive forces specific to fibres allow to be characterised by electrokinetic measurements. The mechanism underlaying the effects of soil resistant finishes are discussed.

1. *Einleitung*

Mit dem verstärkten Einsatz synthetischer Faserstoffe in der Textilindustrie und der Anwendung moderner Veredlungsverfahren ist das Problem der Anschmutzung von Textilien in den Vordergrund getreten, da es sich zeigt, daß die synthetischen Faserstoffe stärker anschmutzen als die nativen oder Regeneratfaserstoffe und gewisse hochveredelte Textilien stärker als nicht ausgerüstete. Daher wird in allen Industrieländern ein großer Aufwand betrieben, die Anschmutzung der synthetischen Faserstoffe auf das bei Naturfasern beobachtete Maß zu senken. Die Voraussetzung dafür ist die Erkennung der Ursachen der unterschiedlichen Anschmutzung.

Die Schmutzaufnahme durch ein Gewebe kann auf den verschiedensten Wegen erfolgen. Die wichtigsten sind:

a) Trockenanschmutzung (Übertragung von trockenem Schmutz aus der Luft und durch Kontakt),
b) Naßanschmutzung (Aufnahme des Schmutzes aus wäßrigem Medium),
c) Ölanschmutzung (Aufnahme von Ölen und Fetten sowie darin enthaltenen Pigmenten).

In dieser Arbeit werden nur die Ursachen der Trockenanschmutzung, besonders an PVY-Fasern, untersucht.

Über das Problem der Trockenschmutzaufnahme bzw. -abweisung an Faserstoffen sind bereits mehrere Übersichtsarbeiten veröffentlicht worden [1, 2, 3, 4, 5]. Danach hängt die Trockenanschmutzung von folgenden Faktoren ab:

1. Struktur des textilen Flächengebildes,
2. Morphologie der Faseroberfläche,
3. Elektrostatische Aufladbarkeit der Faserstoffe,
4. Härte der Faseroberfläche,
5. Hydrophilie der Faserstoffe,
6. Chemische Konstitution der Faseroberfläche (faserstoffspezifische Haftkräfte).

In der Literatur wurde bisher vorwiegend der Einfluß der rein mechanischen Faktoren auf die Schmutzhaftung beschrieben. Diese Faktoren wurden gemeinsam mit der starken elektrostatischen Aufladbarkeit der synthetischen Faserstoffe für deren starke Anschmutzungsneigung verantwortlich gemacht. Der Einfluß der chemischen Konstitution der Faserstoffe, d. h. der faserstoffspezifischen Haftkräfte, wurde nur wenig untersucht. Da sich viele der in den genannten Übersichtsarbeiten aufgeführten Experimente und Ansichten wahrscheinlich wegen der ungenügenden Berücksichtigung dieser Haftkräfte widersprechen, erscheint es notwendig

a) Methoden zur Messung der faserstoffspezifischen Haftkräfte zu entwickeln und
b) den Einfluß der mechanischen Haftungsfaktoren bzw. der elektrostatischen Aufladbarkeit bei Berücksichtigung der chemischen Konstitution zu untersuchen.

2. *Eigene Untersuchungen und Diskussion der Meßergebnisse*

2.1. *Einfluß der Struktur des textilen Flächengebildes auf die Anschmutzungsneigung*

Bei der Anschmutzung textiler Flächengebilde wird der Schmutz zum Teil rein mechanisch zwischen den Fasern eines Garnes bzw. den Fäden des Gewebes festgehalten.

Die Schmutzaufnahme bzw. -haftung hängt von der Garndrehung, der Bindungsart der Gewebe, der Rauhigkeit des Flächengebildes und anderen textiltechnologischen Parametern ab. Durch eine Optimierung dieser Parameter läßt sich die Schmutzaufnahme in gewissen Grenzen verringern.

Da es sich bei dieser „Makrooklusion" um rein mechanische Vorgänge handelt, soll dieser Punkt hier nicht näher untersucht werden.

2.2. *Einfluß der Morphologie der Faseroberfläche*

Die Oberflächenmorphologie wird im allgemeinen als entscheidend für die Schmutzhaftung angesehen. Es ist in der Tat anzunehmen, daß an einer rauhen unregelmäßigen Faser der Schmutz stärker festgehalten wird als an einer glatten Oberfläche, wenn die Größe der Schmutzpartikel in der gleichen Größenordnung wie die der Poren, Risse und Spalten der Fasern liegt.

[1]) jetzige Anschrift: Technische Universität Dresden, Sektion Chemie, Bereich Hochpolymeren- und Textilchemie.

Vergleiche zwischen der Anschmutzung und der Oberflächenstruktur von Wolle und Baumwolle [6, 7] bestätigen diese Annahme; an Viskose- und Polyamidfaserstoffen ist der Zusammenhang nicht eindeutig [5]. Es ist ferner nicht zu erklären, daß die Anschmutzung der glatten Polyamid- und Polyesterfaserstoffe in der gleichen Größenordnung liegt wie die Anschmutzung vieler PVY-Fasern, die eine rauhe Oberfläche aufweisen.

Bei alleiniger Wirksamkeit mechanischer Kräfte bei der Schmutzhaftung sollte diese von der Größe der Oberfläche abhängig sein. Von einigen Autoren (vgl. [5]) wird auch tatsächlich beschrieben, daß Fasern mit rundem Querschnitt weniger anschmutzen als andere. Nach *Dorset* [8] schmutzen jedoch trilobale Polyamid- und Polyesterfasern weniger an als die entsprechenden runden Fasern.

An verschiedenen PVY-Fasern wurden zur Klärung dieser Unstimmigkeiten rasterelektronenmikroskopische Aufnahmen angefertigt sowie das Anschmutzungsverhalten der Faserflocke bestimmt[2]). Die Anschmutzung der Fasern wurde in einer früher beschriebenen Apparatur [10] durchgeführt. Dabei wurde der in [10] beschriebene Testschmutz, bestehend aus 45 Teilen Portlandzement, 45 Teilen Kaolin, 3 Teilen Eisenoxid, 2 Teilen Gasruß, 5 Teilen Paraffinöl angewendet. Der SAD-Wert ist folgendermaßen definiert:

$$SAD = \log \frac{\varrho_v}{\varrho_n},$$

ϱ_v = Weißgrad vor der Anschmutzung,
ϱ_n = Weißgrad nach der Anschmutzung.

[2]) Die rasterelektronenmikroskopischen Aufnahmen wurden in der Sektion Physik, Bereich Experimentalphysik I der TU Dresden durchgeführt. Herrn Dr. *F. Zimmer* sei für die Ausführung bestens gedankt.

Tabelle 1. Anschmutzungsneigung verschiedener PVY-Fasern

Faser	100 · SAD
TACRYL N	27,4
DRALON	42,4
WOLPRYLA 61	41,3
WOLPRYLA 65	47,4
WOLPRYLA IV MP	38,2
ZEFRAN	33,4

Der Vergleich zwischen den Werten der Tabelle 1 und den rasterelektronenmikroskopischen Aufnahmen (Bilder 1 bis 6) zeigt, daß die Anschmutzungsneigung und die Oberflächenrauhigkeit nicht konform gehen. Die sehr glatte Faser TACRYL N schmutzt relativ wenig an, die ebenfalls glatte DRALON-Faser dagegen stark. Die drei WOLPRYLA-Typen zeigen bei ungefähr gleicher Oberflächenstruktur ein unterschiedliches Anschmutzungsverhalten, und die ZEFRAN-Faser, die auf Grund der Rauhigkeit der Oberfläche am stärksten anschmutzen sollte, zeigt eine relativ geringe Anschmutzungsneigung. Die Oberflächenmorphologie spielt also bei der unterschiedlichen Anschmutzung der einzelnen Fasern nicht die allein ausschlaggebende Rolle.

In diesem Zusammenhang bedarf der Wirkungsmechanismus schmutzabweisender Ausrüstungen einer weiteren Klärung. Bisher wurde angenommen, daß die Wirkung der hochdispersen Oxide, die vornehmlich für Antischmutzausrüstungen verwendet werden, in einer Ausfüllung der Unregelmäßigkeiten der Faseroberfläche besteht (Pre-Soiling). *Wagner* [2] hatte bereits darauf hingewiesen, daß dieser Mechanismus nicht allein gültig sein kann. Er nahm die Blockierung sogenannter aktiver Zentren, an denen sich der Schmutz besonders anlagern soll, durch die Ausrüstung an, ohne allerdings schlüssige Beweise für das Vorhandensein

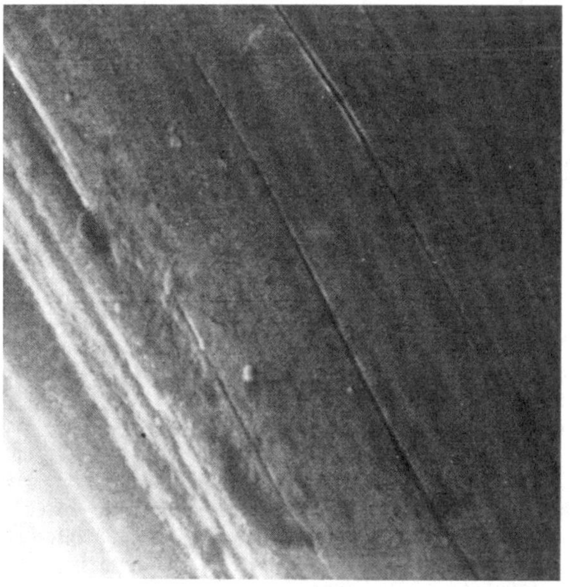

Bild 1. Rasterelektronenmikroskopische Aufnahme von TACRYL N 8000:1

Bild 2. Rasterelektronenmikroskopische Aufnahme von DRALON 8000:1

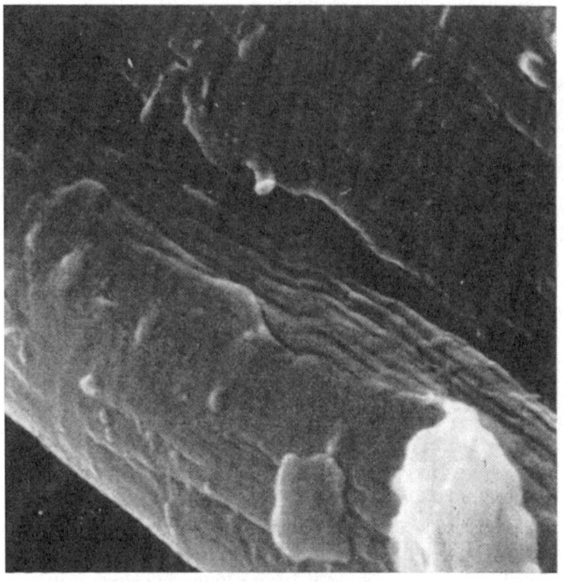

Bild 3. Rasterelektronenmikroskopische Aufnahme von WOLPRYLA 61 8000:1

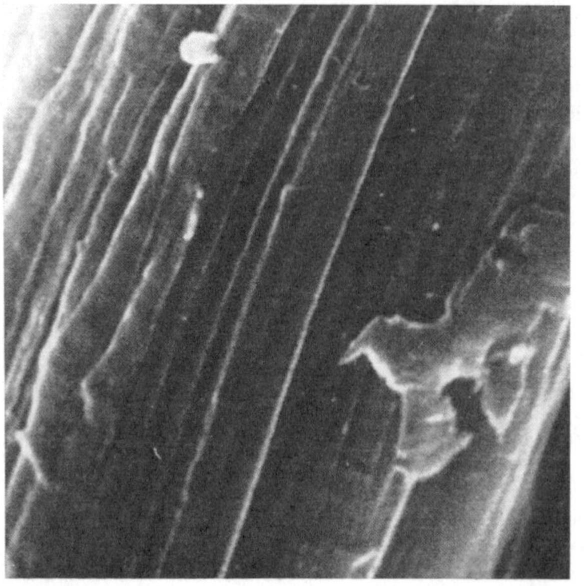

Bild 4. Rasterelektronenmikroskopische Aufnahme von WOLPRYLA 65 8000:1

Bild 5. Rasterelektronenmikroskopische Aufnahme von WOLPRYLA IV MP 8000:1

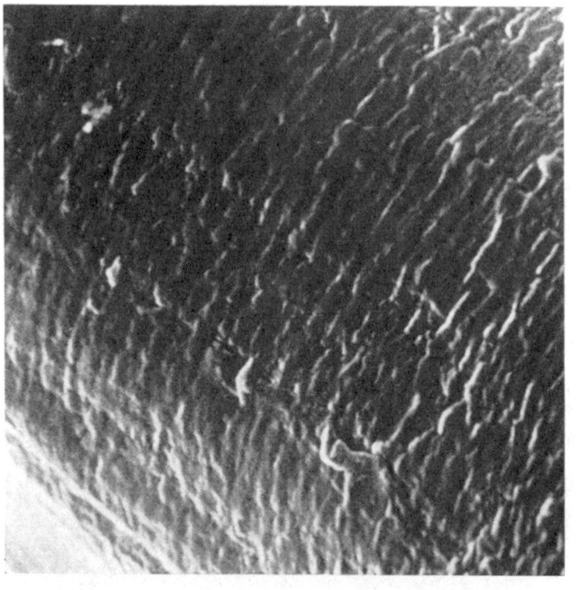

Bild 6. Rasterelektronenmikroskopische Aufnahme von ZEFRAN 8000:1

solcher Zentren bzw. deren Blockierung bringen zu können.

Eigene Untersuchungen zeigen (Tabelle 2), daß Ausrüstungsmittel auf der Basis hochdisperser Oxide auch auf relativ glatten Fasern wirksam sind, wo kein Pre-Soiling-Effekt zu erwarten ist. Hier könnte die Wirksamkeit in einer Änderung der spezifischen Haftkräfte zwischen Faser und Schmutz bzw. in einer Verkleinerung der Auflagefläche für den Schmutz liegen [9].

Gegen einen reinen Pre-Soiling-Effekt spricht ferner die Tatsache, daß der Antischmutzeffekt einer Ausrüstung mit kolloidaler Kieselsäure unabhängig von der Teilchengröße des Kieselsols ist (Tabelle 3); für den Antischmutzeffekt der Ausrüstung sind die Herstellungsbedingungen des Kieselsols von Bedeutung, dagegen nicht die Teilchengröße.

Es wurde der Silanolgruppengehalt des Kieselsols durch Titration mit NaOH bestimmt. Nach *Sears* [11] läßt sich aus dem Silanolgruppengehalt die spezifische Oberfläche und angenähert die Teilchengröße bestimmen.

Außer den hochdispersen Oxiden geben noch folgende Ausrüstungsmittel einen schmutzabweisenden Effekt:

Tabelle 2. Anschmutzungsverhalten verschieden ausgerüsteter Fasern in 100 · SAD

Ausrüstung Konzentr. / Faser	un- aus- ge- rüstet	Kombination A* (Basis Siliconöl) 0,2%	Kombination B (Basis Kiesel- sol) 2%	Kombination C (Basis Kiesel- sol) 2%	Kombination D (Basis Kiesel- sol) 2%	Perfluor- octan- säure 2%	Al_2O_3, P110C1 (Degussa) 0,5%
Zellwolle (B-Type)	40,5	28,7	37,6	31,8	20,5	31,9	6,4
WOLPRYLA 65	47,4	34,8	41,6	28,3	16,8	28,8	23,2
DEDERON	42,8	37,9	20,9	14,0	15,4	42,3	21,2
GRISUTEN	48,8	35,8	31,8	27,2	16,4	36,4	28,5
TRIACETAT	42,2	37,0	30,7	13,5	13,4	37,8	17,3
PE-CE-Faser	49,1	43,6	45,2	31,5	14,9	41,0	23,7
Polypropylen	39,1	37,7	26,7	31,2	27,3	18,2	18,4

*) Die Kombinationen A bis D wurden in der DAW zu Berlin, Institut für Technologie der Fasern in Dresden, entwickelt.

Chromkomplexe organischer aliphatischer Säuren (*Werner*-Komplexe), Siliconöle in geringen Anwendungskonzentrationen,
perfluorierte organische Verbindungen,
gewisse kationaktive Verbindungen.

Die Wirkung dieser Substanzen kann ebenfalls nicht durch eine Ausfüllung von Unregelmäßigkeiten der Oberfläche erklärt werden.

2.3. Einfluß der elektrostatischen Aufladbarkeit

Die starke elektrostatische Aufladbarkeit der synthetischen Faserstoffe wird häufig a priori für deren starke Anschmutzungsneigung verantwortlich gemacht, ohne daß exakte experimentelle Bestätigungen für diese Annahme vorliegen. Die Tatsache, daß sich organische Hochpolymere bei Reibung stark aufladen und dann Staub anziehen, führt zu der Verknüpfung zwischen Aufladbarkeit und Anschmutzung. *Kling* [12] nimmt jedoch an, daß die elektrostatischen Kräfte nur für die Schmutzanziehung, aber nicht für die Schmutzhaftung wirksam sind.

Nach Untersuchungen von *Rydzewska* [13] besteht kein unmittelbarer Zusammenhang zwischen der elektrostatischen Aufladbarkeit und der Anschmutzungsneigung von Textilien. Um den Einfluß der elektrostatischen Aufladbarkeit auf die Anschmutzungsneigung näher zu untersuchen, wurden beide Faktoren an verschieden ausgerüstetem WOLPRYLA-61-Gewebe untersucht (Tabelle 4).

Die Bestimmung der elektrostatischen Aufladbarkeit erfolgte indirekt durch Messung des elektrischen Widerstandes mit Hilfe des Höchstohmwiderstands-Meßgerätes Teralin (PGH Statron, Fürstenwalde/Spree). Es wurden Gewebeproben von 3 cm Breite an den Elektroden des Gerätes festgespannt, der Abstand der Elektroden zueinander betrug 1 cm. Die Messungen wurden im Klimaraum bei 20 °C ± 1 grd und 65 ± 2% rel. Luftfeuchte durchgeführt.

Die Meßergebnisse in Tabelle 4 zeigen, daß kein Zusammenhang zwischen der elektrostatischen Aufladbarkeit und der Anschmutzungsneigung besteht; einige gut wirksame Ausrüstungen erhöhen sogar die elektrostatische Aufladbarkeit. Ausrüstungen mit Antistatika (der elektrische Widerstand der mit Antistatika ausgerüsteten Gewebeproben liegt in der Größenordnung

Tabelle 3. Abhängigkeit der Anschmutzungsneigung von WOLPRYLA *61-Gewebe vom Silanolgruppengehalt des Kieselsols in der Antischmutzkombination C (2% vom Warengewicht)*

Nr. der Kieselsol-Probe	spez. Oberfläche [m²/g]	100 · SAD
1	430	5,2
2	280	4,8
3	650	26,0

Tabelle 4. Anschmutzungsneigung und elektrischer Widerstand von unterschiedlich ausgerüstetem WOLPRYLA *61-Gewebe*

Ausrüstung	Konz. [%]	R [Ω/cm²]	100 · SAD
unausgerüstet		$1{,}5 \cdot 10^{11}$	33,0
Juvenon Soil Retardant (Du Pont)	2,0	$2{,}2 \cdot 10^{11}$	34,0
Rigidan AS (Schill & Seilacher)	5,0	$2{,}8 \cdot 10^{12}$	18,6
Soil Snub (Arkansas Comp.)	4,0	$3{,}0 \cdot 10^{9}$	46,3
Alubrasol (Jordan Manuf.)	2,0	$1{,}4 \cdot 10^{9}$	33,6
Antischmutz TK (A. Th. Böhme)	4,0	$3{,}0 \cdot 10^{11}$	31,1
PT 1889 80/20 (VEB Fettchemie Karl-Marx-Stadt)	1,0	$4{,}5 \cdot 10^{6}$	30,4
Primenit VS (Farbwrke Hoechst)	1,0	$1{,}0 \cdot 10^{13}$	35,3
Kombination A	0,05	$3{,}0 \cdot 10^{12}$	34,7
Kombination A	0,1	$5{,}0 \cdot 10^{13}$	30,2
Kombination A	0,5	$9{,}0 \cdot 10^{13}$	32,6
Kombination A	1,0	$4{,}5 \cdot 10^{13}$	43,9
Kombination E	0,005	$1{,}0 \cdot 10^{14}$	26,7
Kombination E	0,02	$1{,}1 \cdot 10^{14}$	36,2
Kombination E	0,05	$1{,}5 \cdot 10^{14}$	27,4
Kombination E	0,1	$8{,}4 \cdot 10^{13}$	28,4
Kombination B	0,5	$3{,}3 \cdot 10^{12}$	5,2
Kombination B	1,0	$1{,}1 \cdot 10^{13}$	5,0
Kombination B	5,0	$2{,}5 \cdot 10^{13}$	5,0
Kombination B	10,0	$2{,}0 \cdot 10^{13}$	7,6
Kombination C	2,0	$1{,}5 \cdot 10^{12}$	6,0
Kombination D	2,0	$9{,}0 \cdot 10^{9}$	4,0

Tabelle 5. Anschmutzungsneigung von mit Antistatika ausgerüstetem WOLPRYLA *61-Gewebe*

Ausrüstung	Konzentration [%]	100 · SAD
Arkostat P (Farbwerke Hoechst)	1,6	48,3
	2,3	44,7
	3,1	45,1
Cassastat WF (Cassella Farbwerke)	1,0	44,5
	1,9	44,1
	3,0	49,0
Cirrasol Z (ICI, Manchester)	1,0	41,2
	3,0	42,2
	5,0	44,7
Permastat 17 (A. Th. Böhme, Dresden)	6,6	39,6
Amin 0 (Geigy, Basel)	3,0	52,7

von 10^6 bis $10^9\,\Omega\,\text{cm}^{-2}$) ergeben demzufolge auch keine Erniedrigung, sondern sogar eine Erhöhung der Anschmutzungsneigung, die vermutlich durch die Klebrigkeit der Antistatika verursacht wird.

Jedoch bringen auch sogenannte harte Antistatika (Amin 0, Geigy) keine Verbesserung des Anschmutzungsverhaltens mit sich (Tabelle 5). Da die elektrostatische Aufladung der Proben bei der Laborprüfung nur in geringem Maße auftreten dürfte, ist die festgestellte Übereinstimmung zwischen Labortest und Praxisbewährung (Begehungsversuche an Teppichen, Sitzkissenteste) wichtig. Die Aussagen der Tabellen 4 und 5 sind also nicht durch Fehlleistungen der Laboranschmutzungsmethode hervorgerufen.

Eine Ausrüstung von Teppichen mit Antistatika führt nach Auskunft der Textilhilfsmittelhersteller ebenfalls nicht zur Herabsetzung der Anschmutzungsneigung [14, 15]. Lediglich bei Artikeln, die einer starken Reibung und damit einer stärkeren elektrostatischen Aufladung ausgesetzt sind, soll durch die Ausrüstung mit Antistatika eine Verringerung der Anschmutzung erreicht worden sein [16].

2.4. *Einfluß der Härte der Fasern*

Für die Schmutzhaftung ist bei gegebener Härte des Schmutzes die Härte des Substrates von Bedeutung. Harte Oberflächen bieten dem Schmutz eine kleinere Haftfläche als weiche Faserstoffe bzw. Ausrüstungen. In Patenten und Veröffentlichungen ([17], vgl. [5]) wird daher auf den schmutzabweisenden Effekt von harten Filmen auf der Faser hingewiesen. Entsprechend beeinflussen die meisten Weichmacher die Anschmutzungsneigung negativ. Da durch die Härte der Fasern die textilen Eigenschaften verloren gehen, haben sich die harten Ausrüstungen wenig durchgesetzt. Der Einfluß der Härte auf die Anschmutzbarkeit wird deswegen nicht näher untersucht.

2.5. *Einfluß der Hydrophilie*

Aus der Tatsache, daß die hydrophilen nativen Fasern weniger als die hydrophoben synthetischen Faserstoffe anschmutzen, wird gefolgert, daß die Hydrophilie bzw. Hydrophobie der Fasern das Anschmutzungsverhalten beeinflußt. Es hat daher nicht an Versuchen gefehlt, durch eine Hydrophilierung der synthetischen Faserstoffe deren Trockenschmutzaufnahme zu erniedrigen.

In Betracht kommen hierfür Ausrüstungen mit Cellulose- und Stärkederivaten, Polyvinylalkoholen, verschiedenen Acrylaten und ähnlichen hydrophilen Substanzen. In keinem Falle konnte eine wesentliche Erniedrigung der Anschmutzungsneigung festgestellt werden, in manchen Fällen wird sogar eine Erhöhung der Schmutzaufnahme beobachtet, die durch eine Klebwirkung des Ausrüstungsmittels erklärt wird. Für einen Einfluß der Hydrophilie spricht die Beobachtung, daß die Schmutzaufnahme der synthetischen Faserstoffe von der relativen Luftfeuchte abhängig ist, gegen eine Abhängigkeit der Anschmutzung von der Hydrophilie die Tatsache, daß gewisse hydrophobierende Substanzen (z. B. Silicone in geringen Mengen, Chromkomplex der Stearinsäure u. a.) schmutzabweisend wirken.

2.6. *Einfluß von Präparationen, Textilhilfsmitteln u. a.*

In den zitierten Übersichten wird der Einfluß von Präparationen u. ä. auf die Anschmutzung im Hinblick auf die genannten Faktoren ausführlich behandelt. Die Beeinflussung der Anschmutzung durch Ausrüstungen wird vorwiegend durch mechanische Effekte erklärt (Härte, Klebrigkeit). Abhängigkeiten von der chemischen Struktur und Ionogenität der Ausrüstung sind nur vereinzelt untersucht worden [4, 5], die erzielten Ergebnisse widersprechen sich zum Teil.

Ganz allgemein wird festgestellt, daß die meisten Weichmacher, Fette und Öle sowie Hilfsmittel für die Hochveredlung in den üblichen Konzentrationen die Anschmutzung begünstigen.

2.7. *Einfluß der chemischen Konstitution*

Eine kritische Sichtung der unter 2.2 bis 2.5 behandelten Experimente und Theorien zeigt, daß die dort dargestellten Faktoren das unterschiedliche Anschmutzungsverhalten der einzelnen Faserstoffe nur ungenügend charakterisieren, daß also wahrscheinlich der chemischen Konstitution der Faserstoffe eine größere Bedeutung für die Unterschiede der Haftung zukommt. Es erweist sich daher als notwendig, den Einfluß der faserstoffspezifischen Haftkräfte näher zu untersuchen und wenn möglich, diese zu bestimmen. Es sollen jedoch zunächst keine Aussagen über die Abhängigkeit der Anschmutzungsneigung von der Anwesenheit bestimmter funktioneller Gruppen gemacht werden.

Die Haftung fester Teilchen an der glatten Oberfläche eines festen Substrates kann durch folgende Anziehungskräfte bewirkt werden:

*Van der Waals*sche Kräfte (Dispersions- und Dipolwechselwirkungskräfte),
elektrostatische (*Coulomb*sche) Kräfte,
Wasserstoffbrücken-Bindungen,
kovalente chemische Bindungen.

Der Abstand zwischen den Haftkomponenten ist durch das Minimum der Potential-Abstandskurve gegeben; er beträgt in der Regel einige Ångström.

Die beiden letztgenannten Bindungsarten werden bei der Faser-Schmutzhaftung keine Rolle spielen, so daß die *van der Waals*schen und *Coulomb*schen Kräfte für die Haftung verantwortlich sind. Ihr Anteil ist von Substanz zu Substanz verschieden; nach *Krupp* und *Sperling* [18] kann der Anteil der *Coulomb*schen gegenüber den *van der Waals*schen Kräften vernachlässigt werden.

Von *Derjagin* u. Mitarb. [19] wird dagegen angenommen, daß der Anteil der Haftkräfte, der durch elektrostatische Wechselwirkung verursacht wird, nicht vernachlässigt werden kann.

Die Größe der *van der Waals*schen Anziehungskräfte hängt von der Polarisierbarkeit und der Ionisierungsenergie der beteiligten Moleküle ab. Eine Berechnung ist bisher nur angenähert bei sehr einfachen Molekülen erfolgt (vgl. [18]); für organische Hochpolymere ist sie zur Zeit noch nicht möglich. Eine Übersicht über die Theorie des Haftens kleiner Teilchen ist von *H. Krupp* [20] veröffentlicht worden.

Experimentelle Bestimmungen von Haftkräften sind nach folgenden Methoden möglich (vgl. [20]):

Gravitationsmethode,
Aerodynamische Methode,
Vibrationsmethode,
Ultrazentrifugenmethode.

Als Haftkraft wird die senkrecht zur Auflagefläche wirksame Kraft definiert, die notwendig ist, um ein Teilchen gerade vom Substrat abzulösen, wobei die Größe der Auflagefläche unberücksichtigt bleibt.

Eine genaue Bestimmung der Anziehungskräfte erfordert die Kenntnis der Haftfläche. Da diese an festen Körpern nicht bestimmt werden kann (nur angenähert bei mikroskopisch glatten Teilchen), lassen sich nur vergleichende Messungen durchführen. Von *Böhme* u. Mitarb. [21] wurden beispielsweise die Haftkräfte von Goldkugeln gegenüber Folien, wie Regeneratcellulose, Polyamid und Polyester, nach der Ultrazentrifugenmethode bestimmt, wobei gewisse Differenzen festgestellt werden konnten. Der Durchmesser der Goldkugeln lag zwischen 3 und 8 μm. Kugeln unter 3 μm, d. h. Teilchen in der Größenordnung der besonders fest haftenden Schmutzpartikel, konnten nicht mehr von den Substraten entfernt werden. Nach der Vibrationsmethode (Ultraschall) wurden von *Derjagin* und *Zimon* [22] die Haftkräfte von pulverförmigen Partikeln an metallischen Oberflächen bestimmt; Messungen der Haftkräfte an Faserstoffen wurden unseres Wissens bisher noch nicht durchgeführt.

Da die genannten Methoden sehr aufwendig und bei Faserstoffen auch wegen der Unebenheiten der Oberfläche wahrscheinlich nicht anwendbar sind, sollte versucht werden, Haftkraftunterschiede nach indirekten Methoden zu bestimmen.

In einer früheren Arbeit [23] war auf die Möglichkeit hingewiesen worden, elektrokinetische Messungen zur Bestimmung von Haftkraftdifferenzen heranzuziehen, weil die faserstoffspezifischen Haftkräfte und die Kräfte, die zur Adsorption von Ionen aus der Lösung führen und damit die Größe des ζ-Potentials bedingen, bei synthetischen Faserstoffen (mit Ausnahme der stark apolaren, durch Wasser nicht benetzbaren Faserstoffe) prinzipiell gleicher Natur sind. Mit einer Senkung der Anschmutzungsneigung synthetischer Faserstoffe ist in jedem Falle eine Erniedrigung des maximalen ζ-Potentials in verd. KCl-Lösungen verbunden (Tabelle 6).

Tabelle 6. Maximales ζ-Potential und Anschmutzungsneigung von verschieden ausgerüsteten synthetischen Fasern

Faser	Ausrüstung	Konz. [%]	100 · SAD	ζ_{max}*) [mV]
WOLPRYLA 65	A	0,2	34,8	41
	B	2	31,8	40
	C	2	28,3	37
	C	5	17,5	23
	D	3	16,8	+4
	Al_2O_3	0,5	20,2	+7
	Perfluoroctansäure	2	28,8	44
DEDERON	B	2	20,9	38
	C	2	14,0	23
	D	3	15,8	11
	Al_2O_3	0,5	21,0	22
GRISUTEN	C	2	27,2	15
	D	3	16,4	9
	Al_2O_3	0,5	28,5	13

*) Das ζ-Potential ist stets, wenn nicht anders angegeben, negativ.

Die Werte der Tabelle 6 zeigen, daß Silicone, Kieselsol und Kombinationen auf dessen Basis sowie perfluorierte organische Verbindungen auf verschiedenen Faserstoffen zu einer Absättigung der Oberflächenkräfte führen, wie aus der Erniedrigung der maximalen ζ-Potentiale hervorgeht. Besonders bemerkenswert ist, daß auch durch das als Kolloid negativ geladene Kieselsol eine Verminderung des negativen Potentials der Faser bewirkt wird. Es treten offensichtlich Wechselwirkungen zwischen Faser und Kieselsol auf, die zu einer Absättigung der an der Faseroberfläche wirksamen Anziehungskräfte führen.

Weiterhin wurde versucht, das unterschiedliche Anschmutzungsverhalten der unter Punkt 2.2 genannten Polyacrylnitrilfaserstoffe durch Messung des ζ-Potentials zu charakterisieren (Tabelle 7).

Der Vergleich zwischen den Tabellen 1 und 6 sowie den Bildern 1 bis 6 gibt eine zwanglose Erklärung für das unter 2.2 beschriebene Anschmutzungsverhalten der PVY-Faserstoffe: Die wenig anschmutzende Faser TACRYL N zeigt neben der glatten Oberfläche ein niedriges ζ-Potential in verdünnten KCl-Lösungen. Die ebenfalls glatte DRALON-Faser weist ein hohes ζ-Potential auf, was in Einklang mit der hohen Anschmutzungsneigung steht. Die Unterschiede in der Anschmutzungsneigung der drei WOLPRYLA-Fasern können durch die Unterschiede in den ζ-Potentialen und die relativ ge-

Tabelle 7. ζ-Potential verschiedener PVY-Fasern in dest. Wasser und KCl-Lösungen

Faser	dest. H_2O	ζ-Potential [mV] n/10000 KCl	n/1000 KCl	ζ_{max}
TACRYL N	19,3	31,6	28,8	32
DRALON	45,2	52,0	55,2	56
WOLPRYLA 61	43,9	54,3	37,9	55
WOLPRYLA 65	(60,0)*)	54,3	57,8	56
WOLPRYLA IV MP	(17,0)*)	31,6	30,4	32
ZEFRAN	+4	+4	+4	+4

*) Die Werte sind unsicher.

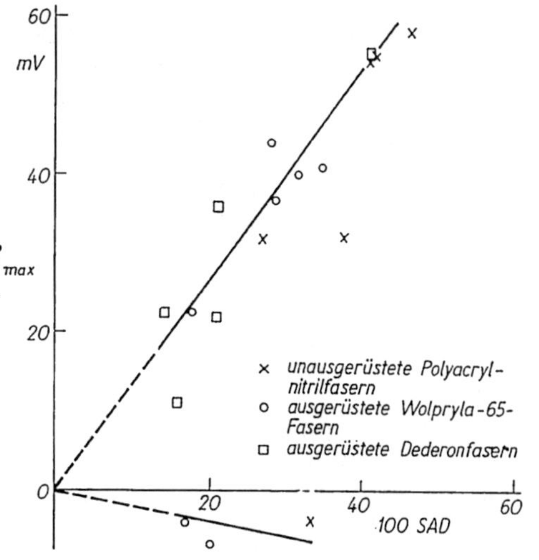

Bild 7. Abhängigkeit des ζ-Potentials von der Anschmutzungsneigung

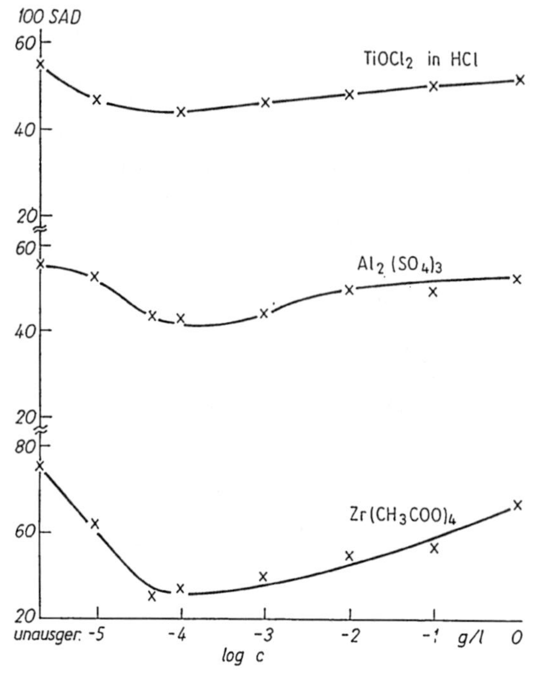

Bild 8. Abhängigkeit der Anschmutzung von WOLPRYLA 61-Gewebe von der Auflage an Salzen mehrwertiger Kationen

ringe Anschmutzungsneigung der sehr rauhen ZEFRAN-Faser durch deren niedriges ζ-Potential erklärt werden.

Wird das maximale ζ-Potential in KCl-Lösung als Funktion der Anschmutzungsneigung graphisch aufgetragen, so erhält man bei Polyacrylnitril- und Polyamidfaserstoffen annähernd eine Gerade, die bei Extrapolation auf das Potential $\zeta = 0$ durch den Ursprung des Koordinatensystems verläuft (siehe Bild 7). Positive Werte des ζ-Potentials liegen anscheinend auf einer Geraden geringerer Neigung, d. h., ein positives ζ-Potential führt zu einer stärkeren Anschmutzung als ein gleich großes negatives. Berücksichtigt man die Streubreite, die beide Meßmethoden in sich bergen, so ist die Linearität der Abhängigkeit bemerkenswert.

Aus der Tatsache, daß die extrapolierte Gerade durch den Nullpunkt des Koordinatensystems verläuft, kann gefolgert werden, daß die Anschmutzung praktisch nur von den Oberflächenkräften abhängig ist. Das gilt sowohl für Polyacrylnitrilfaserstoffe unterschiedlicher Struktur und Zusammensetzung wie auch für schmutzabweisend ausgerüstete WOLPRYLA- und DEDERON-Fasern.

Strukturelle Unterschiede der Faserstoffe sollten auch bei gleichbleibender Polymerzusammensetzung zu Differenzen in den Oberflächenkräften und damit im ζ-Potential und in der Anschmutzung führen. Dies, sowie die bei Polyester beobachteten Abweichungen sollen in weiteren Untersuchungen geprüft werden.

Die gefundenen Zusammenhänge zeigen, daß die Bestimmung des elektrokinetischen Potentials eine brauchbare Methode zur Charakterisierung der Oberflächenkräfte von Faserstoffen darstellt.

Die festgestellten Beziehungen zwischen der Anschmutzungsneigung der synthetischen Faserstoffe und dem ζ-Potential werfen die Frage auf, ob durch eine Senkung des ζ-Potentials durch beliebige Substanzen eine Herabsetzung der Anschmutzungsneigung erreicht werden kann. Bekanntlich werden durch mehrwertige Kationen sowie kationaktive Tenside die Fasern bereits in relativ geringen Konzentrationen umgeladen [vgl. 23].

Es sollte untersucht werden, ob durch eine Ausrüstung synthetischer Faserstoffe mit diesen Substanzen in solcher Konzentration, daß das ζ-Potential ungefähr gleich Null ist, eine Verringerung der Anschmutzungsneigung erreicht werden kann.

Die Bilder 8 und 9 zeigen die Abhängigkeit der Anschmutzungsneigung bei WOLPRYLA 61-Gewebe von der Konzentration an Salzen mehrwertiger Kationen bzw. kationaktiver Tenside. Die Kurven zeigen ein Minimum in der Anschmutzung, das bereits bei sehr geringen Konzentrationen erreicht wird. Messungen des ζ-Potentials in Flotten der entsprechenden Konzentrationen zeigen, daß das Minimum der Anschmutzung ungefähr mit dem Potential $\zeta = 0$ zusammenfällt. Dies könnte als Bestätigung der *Derjagin*schen Theorie über die Wirkung der elektrostatischen Kräfte bei der Haftung zwischen Feststoffen angesehen werden. Eine positive Ladung der Fasern führt wieder zu einer verstärkten Anschmutzung. Bei den sehr geringen Konzentrationen, die beispielsweise bei der Ausrüstung mit Zirkonacetat zu einer Verringerung der Anschmutzung von PVY-Fasern führen, ist anzunehmen, daß keine anderen Effekte außer der Absättigung der Oberflächenkräfte eine Rolle spielen.

Der Antischmutzeffekt gut wirksamer Ausrüstungsmittel ist jedoch besser als der durch alleinige Senkung des ζ-Potentials erreichbare Effekt. Möglicherweise ist die Ursache darin zu suchen, daß bei Ausrüstungen mit Salzen drei- und vierwertiger Kationen und kationaktiven Tensiden zwar ein elektrokinetisches Potential von $\zeta = 0$ gemessen wird, jedoch örtliche Ladungsunterschiede vorhanden sind, die zu einer Anschmutzung führen. Bei der Applikation von größeren, aber schwä-

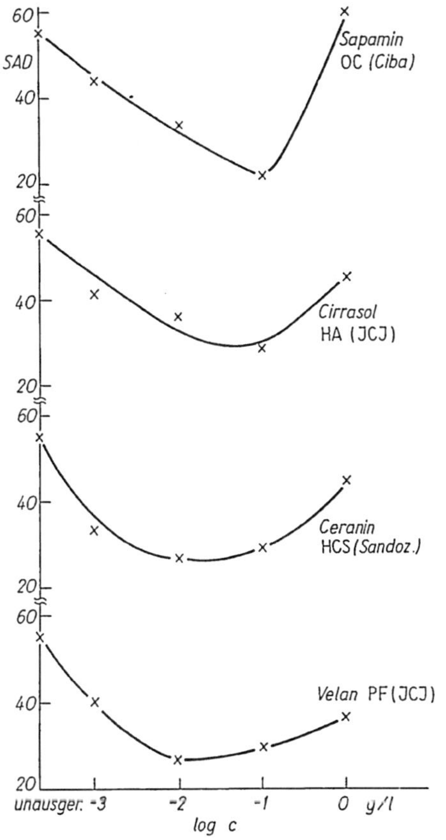

Bild 9. Abhängigkeit der Anschmutzung von WOLPRYLA 61-Gewebe von der Auflage an kationaktiven Tensiden

cher polaren Teilchen wird offensichtlich eine gleichmäßigere Absättigung erzielt.

Da die hydrophilen Cellulosefasern ein niedrigeres ζ-Potential in verdünnten KCl-Lösungen als die hydrophoben synthetischen Faserstoffe zeigen, könnte angenommen werden, daß mit einer Antischmutzausrüstung, die zu einer Erniedrigung des maximalen ζ-Potentials führt, eine Hydrophilierung der synthetischen Fasern erreicht wird. Es ist jedoch an keiner der beschriebenen Ausrüstungen eine Hydrophilierung, sondern im Gegenteil meist ein leichter Hydrophobieeffekt zu beobachten. Dies bedeutet einmal, daß eine Trockenschmutzabweisung nicht mit einer Hydrophilierung der Fasern verbunden sein muß, und andererseits, daß ein niedriges ζ-Potential nicht auf hydrophile Eigenschaften hinweist.

Im Zusammenhang mit der Klärung der Wirkungsweise der Antischmutzausrüstung ist die Tatsache näher zu untersuchen, daß bei vielen Ausrüstungen eine Diskrepanz zwischen der Laborerprobung und der Praxiserprobung besteht. Diese Ausrüstungen zeigen im Laborversuch ausgezeichnete Ergebnisse, die in der Praxiserprobung nicht reproduziert werden können, so daß sich bisher Ausrüstungen gegen eine Trockenanschmutzung in der Praxis kaum durchgesetzt haben.

Bei der Anschmutzung eines antischmutzausgerüsteten Faserstoffs stellt sich im Laufe der Zeit ein Gleichgewicht zwischen dem an die Faser gebundenen Ausrüstungsmittel und dem Schmutz auf der Faser ein. Die Lage dieses Gleichgewichts, die dem Massenwirkungsgesetz unterliegt, ist abhängig von der Konzentration der einzelnen Komponenten. Der Schmutz befindet sich meist im Überschuß, so daß bei längerer Schmutzeinwirkung das Gleichgewicht auf die Seite der Bindung Faser/Schmutz verschoben wird. Dieser Vorgang wird wahrscheinlich so langsam verlaufen, daß er erst bei der langandauernden Praxiserprobung ins Gewicht fällt. Auf die Zeitabhängigkeit der Anschmutzung im Labortest wurde bereits früher hingewiesen [10]. Hinzu kommt, daß durch mechanische Einflüsse die Antischmutzausrüstung von der Faser entfernt wird. Ein wirksames Ausrüstungsmittel müßte also eine sehr feste Bindung zum Substrat aufweisen.

Zusammenfassung

Es wurden die möglichen Ursachen für die unterschiedliche Trockenanschmutzung der Faserstoffe untersucht. Die alleinige Berücksichtigung der rein mechanischen Haftung und der elektrostatischen Aufladbarkeit der Faserstoffe gibt das Anschmutzungsverhalten der einzelnen Faserstoffe sowie den Mechanismus der Schmutzabweisung nicht richtig wieder.

Die Morphologie der Faseroberfläche, die elektrostatische Aufladbarkeit und die Hydrophobie der synthetischen Faserstoffe sind von untergeordneter Bedeutung. Es muß vielmehr der Einfluß der chemischen Konstitution und der davon abhängigen Anziehungskräfte stärker berücksichtigt werden. Zur Bestimmung des Anteils der faserstoffspezifischen Haftkräfte sind elektrokinetische Messungen geeignet. PVY Fasern, die in verdünnten KCl-Lösungen ein niedriges ζ-Potential aufweisen, schmutzen im trockenen Zustand weniger an als Fasern mit hohem ζ-Potential.

Schmutzabweisende Ausrüstungen führen generell zu einer Absättigung von Oberflächenkräften, die durch eine Senkung des elektrokinetischen Potentials gekennzeichnet ist.

Verbindungen, die zu einer Umladung der Fasern führen können (kationaktive Tenside oder Salze drei- oder vierwertiger Kationen) ergeben dann eine Verminderung der Anschmutzung von polaren Faserstoffen, wenn die Konzentration so gewählt wird, daß ein Potential $\zeta \approx 0$ resultiert.

Günstig dürfte die Anwendung von schwach kationaktiven Hilfsmitteln sein, die in einem weiten Konzentrationsbereich zu einem ζ-Potential von ungefähr Null führen.

Die Untersuchungen beweisen, daß das elektrokinetische Potential nicht nur für die im wäßrigen Medium ablaufenden Veredlungsvorgänge der Faserstoffe von Bedeutung ist, sondern auch zur Charakterisierung der Oberflächeneigenschaften trockener Faserstoffe herangezogen werden kann.

Für die sorgfältige Ausführung der Messungen danken wir Fräulein *Kristin Näther* und Frau *Heidrun Henne*.

Literatur

[1] *Weatherburn, A. S.*, und *Bayley, C. H.*: The soiling characteristics of textile fibres. Textile Res. J. **25** (1955) S. 549—558; **27** (1957) S. 199—208, 358—361.

[2] *Wagner, E. F.*: Beeinflussung der Anschmutzbarkeit und Schmutzauswaschbarkeit von Wäschestoffen durch Spezialausrüstungen. Wäschereitechnik u. -chemie **16** (1963) S. 278—285.

[3] *Lindner, K.*: Die Ursachen und die Verhütung des Anschmutzens von Textilien. Fette, Seifen, Anstrichmittel **65** (1963) S. 96—104.

[4] *Kling, W.*: Von der Empirie zur Theorie des textilen Waschens. Melliand Textilber. **46** (1955) S. 957—963.

[5] *Hochreiter, R.*: Schmutzabweisende Ausrüstung von Textilien. Fette, Seifen, Anstrichmittel **68** (1966) S. 31 bis 41, 384—391.

[6] *Götte, E.*, *Kling, W.*, und *Mahl, H.*: Zur Kenntnis des Waschvorganges. Der Waschvorgang unter dem Elektronenmikroskop. Melliand Textilber. **35** (1954) S. 1252 bis 1257.

[7] *Tripp, W.*, *Moore, A. T.*, *Porter, B. R.*, und *Rollins, M. L.*: The surface of cotton fibres. Distribution of dry soil. Textile Res. J. **28** (1958) S. 447—452.

[8] *Dorset, B. C. M.*: How fabric properties are determined by modifications to fibre shape. Textile Manuf. **90** (1964) S. 110—117.

[9] *H. Reumuth*: Privatmitteilung.

[10] *Flath, H.-J.*: Prüfmethoden für die Anschmutzung von Textilien. Dt. Textiltechnik **18** (1968) S. 97—105.

[11] *Sears, G. W.*: Determination of specific surface area of colloidal silica by titration with sodium hydroxide. Analytic. Chem. **28** (1956) S. 1981—1983.

[12] *Kling, W.*: Physikochemie des textilen Waschens. SVF Fachorg. Textilveredl. **12** (1957) S. 62—78.

[13] *Rydzewska, D.*: Elektrostatische Beschmutzung von Textilien. Prace Inst. Włókienn. **14** (1964) S. 61—73.

[14] Privatmitteilung Farbwerke Hoechst AG.

[15] Privatmitteilung Sandoz AG Basel.

[16] *Lord, J.*, und *Rees, W. H.*: Study of "static" in relation to the soiling of garments in wear. J. Textile Inst. **51** (1960) S. T419—T428.

[17] USP 3238166. Inh.: Sumitomo Chemical Co., Osaka, Japan. A. 10. 10. 1961.

[18] *Krupp, H.*, und *Sperling, G.*: Theory of adhesion of small particles. J. appl. Physics **37** (1966) S. 4176—4180.

[19] *Derjagin, B. V.*, und *Smilga V. P.*: Electronic theory of adhesion. J. appl. Physics **38** (1967) S. 4609—4616.

[20] *Krupp H.*: Particle adhesion. Adv. Coll. Interface Sci. **1** (1967) 2, S. 111—239.

[21] *Böhme, G.*, *Kling, W.*, *Krupp, H.*, *Lange, H.*, und *Sandstede, G.*: Haftung kleiner Teilchen an Feststoffen. Z. angew. Physik **16** (1964) S. 486—490.

[22] *Derjagin, B. W.*, und *Zimon, A. D.*: Adhäsion staubförmiger Teilchen an einer glatten Oberfläche. Kolloid. Ž., Moskva **23** (1961) S. 544—552.

[23] *Jacobasch, H.-J.*: Elektrokinetische Untersuchungen an Faserstoffen. Faserforsch. u. Textiltechnik **20** (1969) 4, S. 191—196.

Eingegangen am 3. Dezember 1968

Kurze Mitteilungen[1]

Zeitlicher Verlauf der Lacton- bzw. Esterbildung in Zellstoffen beim Absäuern und Trocknen

DK 661.728.27:547.473'314:543.43

In unserer vorhergehenden Arbeit [1] haben wir über Versuche zum Nachweis der Lactonbildung beim Absäuern und Trocknen von COOH-haltigen Celluloseproben berichtet. Für die Absäuerung haben wir nach der Literatur die Zeit von 2 h gewählt, ohne uns davon zu überzeugen, ob dabei ein maximaler Gehalt an Lactongruppen in der Cellulose gebildet wird. Im Rahmen der vorliegenden Arbeit haben wir nach verschiedener Einwirkungszeit der Säure den Lactongehalt sowohl in ungetrockneten wie auch in getrockneten Proben ermittelt.

Im Sinne unserer weiteren Arbeit [2] kann es sich hier nicht nur um Lacton-, sondern auch um intermolekulare Esterbindungen handeln. Der Einfachheit halber sprechen wir im weiteren nur über Lactonbindungen.

Tabelle 1. Zellstoffproben

Nr.	Beschreibung	Cu-Zahl *Fehling-Bertrand*	COOH jodometrisch [5] [mmol/100 g]
1	Fichte, Sulfit, chloriert, kalt veredelt, gebleicht mit Na-Chlorit	1,75	2,34
2	Betriebs-Viskosezellstoff, Fichte, Sulfit, α-Cellulose 90%	2,35	2,97
3	Fichte, Sulfit, gebleicht mit Na-Chlorit	1,63	3,33
4	Linters-Zellstoff, oxydiert mit Chlor beim pH-Wert 4 bis 4,5, anschließend gebleicht mit Hypochlorit beim pH-Wert 10	1,99	5,57

[1]) Die Veröffentlichung der „Kurzen Mitteilungen" erfolgt unter alleiniger Verantwortung der Verfasser.

Experimentelles

Zellstoffmuster. Es wurden vier Zellstoffmuster mit verschiedenem Carboxylgruppengehalt untersucht (Tabelle 1).

Versuchsdurchführung. Der Lactongehalt wurde durch Überführung in Hydroxamsäuren, Anfärbung mit Eisenchlorid und kolorimetrische Auswertung der Farbe der Zellstoffblätter mit dem Zeiss-Leukometer, wie in früheren Arbeiten beschrieben [3, 4], ermittelt und in relativen Zahlen, als log I_0/I, ausgedrückt.

Proben von 1,5 g lufttrocken wurden von jedem Zellstoff abgewogen. Je eine Probe wurde nur mit der Eisenchloridlösung behandelt, und die Farbe dieser Probe wurde als I_0 bezeichnet. Eine weitere Probe wurde ohne Absäuren erst mit der methanolischen 3%-Hydroxylaminlösung, dann nach Auswaschen mit der Eisenchloridlösung behandelt. Weitere Proben wurden mit je 50 ml 0,1 n HCl abgesäuert, und zwar 15 min, 2 h und 16 h lang. Es wurden je zwei derartige Proben angesetzt, und nach Säurefreiwaschen wurde die eine ohne Trocknung mit NH_2OH und $FeCl_3$ angefärbt, die andere bei 105°C getrocknet, trocken zerfasert und angefärbt. Nachher wurden die Proben zu Blättern von 7,5 cm Durchmesser geformt, zwischen Filterpapier mit der Hand ausgepreßt und an der Luft getrocknet. Die Farbe wurde am Zeiss-Leukometer mit blauem Filter gemessen [1].

Die Ergebnisse sind in den Bildern 1 bis 4 dargestellt.

Auswertung

Der Anfangs-Lactongehalt ohne Absäuern ist bei den vier Mustern recht verschieden, obwohl alle Muster vor dem Versuch mit dem gleichen, harten Leitungswasser behandelt wurden, so daß es bei allen zum Abbinden der Carboxylgruppen durch die Kationen des Wassers kommen konnte. Offensichtlich ist es zu einer solchen Neutralisation der Carboxylgruppen in verschiedenem Maße gekommen, wodurch bei der Trocknung auch verschiedene Mengen an Lactongruppen gebildet wurden.

Faserforschung und Textiltechnik 20 (1969) Heft 7

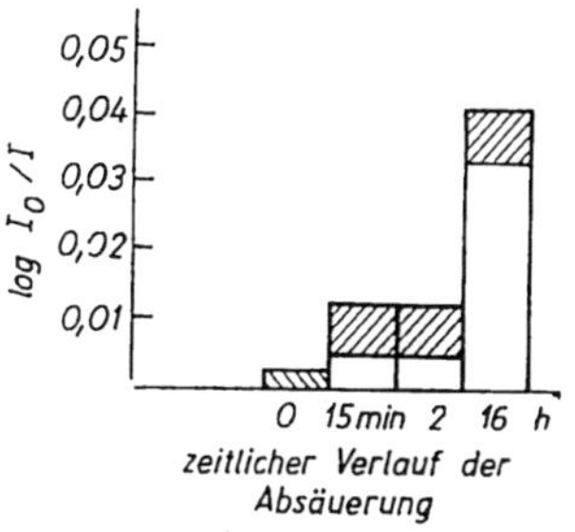

Bild 1. Zellstoffprobe Nr. 1.

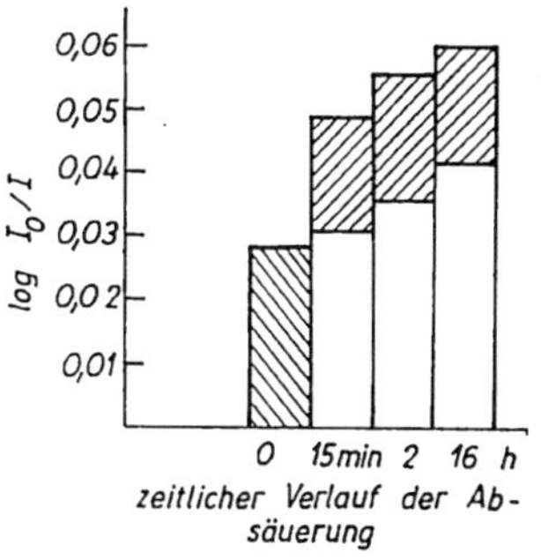

Bild 2. Zellstoffprobe Nr. 2.

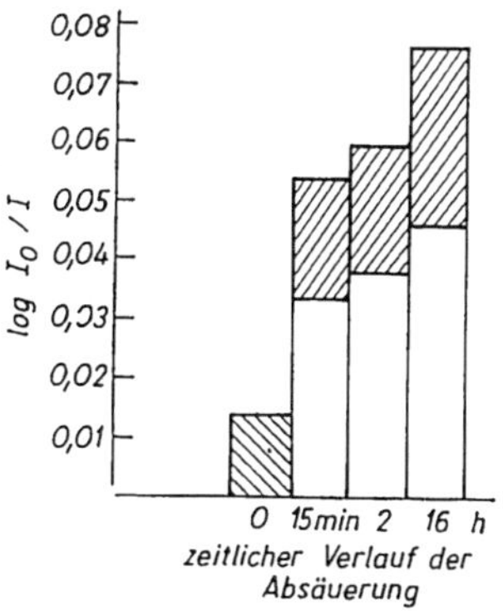

Bild 3. Zellstoffprobe Nr. 3.

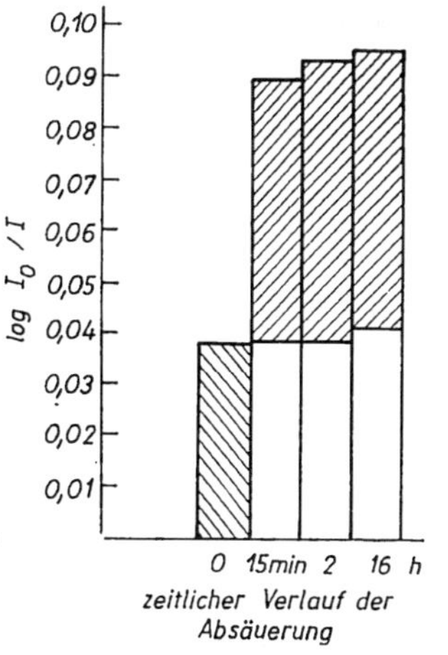

Bild 4. Zellstoffprobe Nr. 4.

Bild 1 bis 4. Relative Lactonmengen nach verschiedenen Zeiten der Säureeinwirkung und nach Trocknung.
[schräg schraffiert]: Lactongehalt ohne Absäuerung [leer]: Lactongehalt nach Absäuerung, ohne Trocknung
[schraffiert]: Lactongehalt, gebildet durch Trocknung nach der Absäuerung

Durch das Absäuern ist der Lactongehalt bei allen Proben gestiegen, und zwar ständig bis 16 h Einwirkungszeit der Säure. Die Muster Nr. 1 und 4 stellen hier zwei Extreme dar, mit langsamer Lactonbildung bei Nr. 1, bei der sich der überwiegende Teil der Lactone zwischen 2 und 16 h gebildet hat, und mit rascher Bildung bei Nr. 4, bei der im Lactongehalt nach 15 min und 16 h Einwirkungszeit nur ein geringer Unterschied zu verzeichnen ist.

Es ist hier zu erwähnen, daß wir die Dauer der Absäuerung versuchsweise auch weiter verlängert haben. Da dabei in keinem Falle ein weiteres Ansteigen des Lactongehaltes beobachtet wurde, führen wir diese Versuche im einzelnen nicht an.

Bei der nachfolgenden Trocknung ist der Lactongehalt weiter angestiegen, und zwar scheint dieser Anstieg mit steigendem COOH-Gehalt zu wachsen. Bei demselben Zellstoff liegt das Maß dieses Ansteigens nach verschiedenen Zeiten der Säureeinwirkung sehr nahe beieinander. Diese Erscheinung kann man folgendermaßen erklären:

Durch das Absäuern werden die an Kationen gebundenen Carboxylgruppen freigelegt und können mit den Hydroxylgruppen in Reaktion treten. Dabei sind folgende zwei Fälle möglich:

1. Die freigelegten Carboxylgruppen liegen in unmittelbarem Bereich von Hydroxylgruppen, so daß ein Einstellen des Gleichgewichtes Säure/Lacton sofort vor sich gehen kann. Der langsame Verlauf der Lactonbildung ist nicht nur durch das langsame Einstellen dieses Gleichgewichtes verursacht, sondern auch dadurch, daß es sich um funktionelle Gruppen in weniger accessiblen Bereichen handelt, in denen die Diffusionsvorgänge eine gewisse Zeit erfordern.

2. Die freigelegten Carboxylgruppen liegen in mehr lockeren Bereichen und nicht in unmittelbarer Nähe zu den Hydroxylgruppen. Die Dekationisierung durch die Säure geht hier in sehr kurzer Zeit vor sich, doch zur Lactonbildung kann es erst kommen, wenn bei der Trocknung eine Schrumpfung und Verdichtung der Struktur eintritt. Auf das Maß dieser Art der Lactonbildung hat ein Verlängern der Säureeinwirkung praktisch keinen Einfluß mehr. Dieses Maß wird jedoch abhängen einerseits von der Menge der COOH-Gruppen in den accessiblen Bereichen, andererseits von dem Maße der Schrumpfung bei der Trocknung. Dies würde bedeuten, daß ein Zusammenhang besteht zwischen dieser Lactonmenge und dem Quellungszustand des Cellulosepräparates.

Das verschiedene Verhalten der Muster kann man also durch Unterschiede in der Accessibilität und im kolloidalen Zustand erklären. Beide Faktoren scheinen z. B. bei dem kaltveredelten Zellstoff Nr. 1 eine Rolle zu spielen.

Es kann auch vermutet werden, daß auch Art und Charakter der Carboxylgruppen eine Rolle spielen können, worauf wir jedoch an dieser Stelle nicht eingehen wollen.

So viel steht fest, daß zur Erreichung einer maximalen Lactonisierung bzw. Esterifizierung eine Zeit des Absäuerns von mehr als 2 bis 16 h erforderlich ist, und daß ein großer Anteil dieser Bindungen erst bei der nachfolgenden Trocknung entsteht.

Literatur

[1] *Slávik, I.*, und *Kučerová, M.*: Über die Entstehung von Lactonbindungen in Zellstoffen bei der Absäuerung und Trocknung. Faserforsch. u. Textiltechnik **18** (1967) S. 396—397.

[2] *Slávik, I.*, und *Kučerová, M.*: Versuche zum Nachweis von intermolekularen Esterbindungen in Cellulose. Faserforsch. u. Textiltechnik **18** (1967) S. 39—40.

[3] *Slávik, I.*, *Pašteka, M.*, und *Kučerová, M.*: Über das Verhalten der Lactongruppen in der Cellulose bei der Carboxylbestimmung nach verschiedenen Methoden. Faserforsch. u. Textiltechnik **18** (1967) S. 4—8.

[4] *Slávik, I.*, *Pašteka, M.*, und *Kučerová, M.*: Characterisation of carboxyl groups of cellulose using an iodometric method. Svensk Papperstidn. **70** (1967) S. 229—233.

[5] *Slávik, I.*, und *Kučerová, M.*: Vorschlag einer neuen Methode zur Carboxylbestimmung in Zellstoffen. Faserforsch. u. Textiltechnik **17** (1966) S. 26—28.

Ivan Slávik und *Mária Kučerová*
Chemisches Institut der Slowakischen Akademie der Wissenschaften, Bratislava, ČSSR

Eingegangen am 6. Februar 1969

Eine einfache Methode zur Bestimmung des Durchschnittspolymerisationsgrades von Polyacrylnitril in Pfropfcopolymeren mit Cellulose

DK 677.862.25:677.21:678.745.32:541.24.08:677.016.65

Die Gebrauchseigenschaften von durch Pfropfpolymerisation modifizierten textilen Faserstoffen hängen u. a. von der Kettenlänge und -anzahl der Pfropfkomponente ab.

Zur Bestimmung des durch Pfropfung erreichten Substitutionsgrades des Rückgratpolmyeren ist sowohl die Kenntnis der Pfropfausbeute als auch des Durchschnittspolymerisationsgrades der Seitenketten notwendig. Zwecks Ermittlung des letzteren muß das Gepfropfte polymeranalog vom Rückgratpolymeren abgetrennt und rein isoliert werden.

Für Cellulose/Polyacrylnitril-Pfropfcopolymere werden dafür in der Literatur drei Methoden beschrieben:

Usmanov u. Mitarb. [1] führten die Totalhydrolyse des Celluloseanteils mit 72%iger Schwefelsäure durch und gewannen das Polyacrylnitril als Rückstand. *Gulina* u. Mitarb. [2] fanden, daß bei dieser Hydrolyse außer der Cellulose auch ein Teil des Polyacrylnitrils infolge Verseifung wasserlöslich wird. Sie schlugen als Alternative 2 h Acetolyse bei 100 °C vor, durch die der Celluloseanteil zu wasserlöslichen Zuckeracetaten abgebaut wird, ohne daß sich rel. Molekülmasse und Zusammensetzung des Polyacrylnitrils verändern. Allerdings versagt diese Methode bei höheren Pfropfausbeuten [3]. *Morris* u. Mitarb. [4] hydrolysierten den Celluloseanteil der gemahlenen Probe mit Salzsäure in Gegenwart einer hochkonzentrierten Zinkchloridlösung. Dabei lösen sich sowohl die Cellulose als auch das Polyacrylnitril. Letzteres wird durch Eingießen der Lösung in ein Methanol/Wasser-Gemisch aus- und anschließend aus Dimethylformamid umgefällt. Diese Methode ist zwar für beliebig zusammengesetzte Cellulose/Polyacrylnitril-Pfropfcopolymere anwendbar, jedoch chemikalien- und zeitaufwendig.

Wir haben daher versucht, ein Verfahren zu finden, das die Vorteile der bekannten und erfolgreich erprobten Methoden [2, 4] unter Ausschluß ihrer Mängel in sich vereint.

Das Ergebnis unserer Untersuchungen ist eine einfache Verfahrensweise, wonach zunächst der Großteil der Cellulose durch eine kurzzeitige Acetolyse des Pfropfproduktes beseitigt, anschließend der Celluloserest durch Hydrolyse des pulverisierten Acetolyse-Rückstandes mit verdünnter Salzsäure vollständig entfernt wird. Während der Salzsäure-Hydrolyse ermöglicht eine gleichzeitig anwesende, mäßig konzentrierte, wäßrige Zinkchloridlösung den erwünschten Quelleffekt. Als Rückstand der Behandlung erhält man praktisch reines Polyacrylnitril, so daß nur für wissenschaftlich exakte Messungen Umfällung aus Dimethylformamid angezeigt ist, dagegen für technische DP-Bestimmungen unmittelbar der getrocknete Hydrolyse-Rückstand eingesetzt werden kann.

Arbeitsvorschrift

Etwa 6 g des grob zerschnittenen Pfropfcopolymeren werden mit einem Gemisch von 90 ml Eisessig, 90 ml Essigsäureanhydrid und 3,2 ml konz. Schwefelsäure 20 min bei 100 °C behandelt. (Bei Pfropfausbeuten unter 25% sind die einzusetzenden Mengen entsprechend zu erhöhen.) Dann wird sofort durch eine G2-Fritte filtriert und der feste Rückstand zunächst mit Eisessig, anschließend mit viel heißem Wasser gewaschen. Das getrocknete Material zerreibt man im Mörser zu einem feinen Pulver. Ca. 1,2 g davon werden zu je 60 ml 10%iger Zinkchloridlösung und 6 n Salzsäure gegeben und 2 h lang intensiv geschüttelt. Nun hält man diese Suspension 60 min bei 100 °C. Danach wird filtriert (G4-Fritte) und sorgfältig mit Wasser gewaschen. Das resultierende, weiße Pulver trocknet man vorsichtig. Es löst sich bis auf ganz geringe Anteile in Dimethylformamid. Die Lösung wird erneut filtriert und das Polyacrylnitril durch langsames Einrühren in eine reichliche Menge einer 3:1-Methanol/Wasser-Mischung wieder ausgefällt. Mit dem abgesaugten und im Vakuumexsikkator über Phosphorpentoxid getrockneten Niederschlag führt man schließlich die viskosimetrische DP-Bestimmung durch.

Beispielsweise wurde nach der angegebenen Methode für das Polyacrylnitril eines früher beschriebenen Pfropfproduktes [5] (vgl. Durchführungsbeispiel) ein Durchschnittspolymerisationsgrad von 3020 ermittelt. Über weitere Meßergebnisse, insbesondere in Abhängigkeit von den Versuchsbedingungen beim Pfropfprozeß, wird später berichtet.

Literatur

[1] *Usmanov, Ch. V., Ajchodzaev, B. I.,* und *Azizov, U.:* Modification of the properties of cellulose by means of grafting. J. Polymer Sci. **53** (1961) 158, S. 87—92.
[2] *Gulina, A. A., Livšic, R. M.,* und *Rogovin, Z. A.:* Synthese von Pfropfcopolymeren der Cellulose mit Polyacrylnitril am Redoxsystem Cellulose/Fe^{2+}/H_2O_2. II. Untersuchung des Einflusses der Initiierungsbedingungen auf den DP des Polyacrylnitrils und den Umsatzgrad der Cellulose. Vysokomol. Soed. (Hochmol. Verbind.) **7** (1965) 9, S. 1529—1534; dt. in: Sowj. Beitr. Faserforsch. Textiltechnik **3** (1966) 1, S. 16—20.
[3] *Livšic, R. M.:* Privatmitteilung.
[4] *Morris, N. J., Blouin, F. A.,* und *Arthur, J. C., jr.:* Separation and characterization of the vinyl side chains from grafted polyacrylonitrile-cotton copolymers. J. appl. Polymer Sci. **12** (1968) 2, S. 373—380.
[5] *Uhlig, E.,* und *Teichmann, R.:* Pfropfpolymerisation auf Cellulose (Baumwolle), initiiert durch aktiven Braunstein. Faserforsch. u. Textiltechnik **19** (1968) 5, S. 239.

Rainer Teichmann und *Günther Voigtländer*
Forschungsinstitut für Textiltechnologie
Karl-Marx-Stadt

Eingegangen am 24. Februar 1969

Neue Bücher

Die Haarigkeitsbestimmung von Garnen. Von *Walther Wegener* und *Günther Tönneßen.* Forschungsberichte des Landes Nordrhein-Westfalen. Nr. 1960. Köln und Opladen: Westdeutscher Verlag 1968. 30 S. Brosch. DM 16,80.

Methoden zur Beurteilung der Haarigkeit gewinnen in letzter Zeit immer mehr an Bedeutung, weil die verschiedenen klassischen Spinnereitechnologien immer mehr miteinander verschmelzen bzw. sich auf diesem Gebiete teilweise revolutionierende Veränderungen vollziehen.

Nach Erläuterung der bisher bekanntgewordenen hauptsächlichsten Verfahren, die teils auf elektrischer, teils auf optischer Basis aufgebaut sind, wird das französische Gerät Pilosimètre einer näheren Betrachtung unterzogen, das ein elektrisch-optisches Prinzip verwirklicht. Die in einem elektrischen Feld abgespreizten freien Faserenden werden optisch abgetastet und zunächst digital registriert.

Das Verfahren hat den Nachteil, daß durch die Abspreizung im elektrischen Feld eine höhere Haarigkeit ermittelt wird, als visuell sichtbar ist. Außerdem eignet sich das Verfahren nur für Baumwollgarne, und der elektronische Integrationsvorgang nach Umsetzung der Werte von digitaler in analoge Anzeige erfolgt im Zusammenhang mit anderweitigen Nachteilen des Gerätes nicht zuverlässig genug.

Durch Ankoppelung der Mehrfach-Summations- u. Auswerteanlage Aachen II an die digitale Meßwertabgabe konnte ein wesentlicher Nachteil überwunden werden. Außerdem wurde erkannt, daß es nötig ist, die infolge der Totzeit der elektronischen Zählschaltung bedingten Fehler durch entsprechende Korrekturen zu eliminieren.

Abschließend wird über praktische Versuchsergebnisse an Baumwollgarnen berichtet, bei denen sich u. a. ergab, daß die Haarigkeit mit zunehmender Copsbewicklung abnimmt. Ferner wurde festgestellt, daß bei allen Faserband-Spinnverfahren die Haarigkeit wesentlich größer als bei den konventionellen Spinnverfahren ist. Bei letzteren wirkt sich eine unterschiedliche Anzahl von Strecken nicht auf die Haarigkeit aus, dagegen ergeben Einriemchen-Streckwerke eine höhere Haarigkeit gegenüber Doppelriemchen-Streckwerken. *Langer*

Vergleich von Meßkondensatoren unterschiedlicher Bauart für die kapazitive Bestimmung der Ungleichmäßigkeit von Faserverbänden. Von *Walter Wegener* und *Rolf Guse.* Forschungsberichte des Landes Nordrhein-Westfalen. Nr. 1974. Köln und Opladen: Westdeutscher Verlag 1968. 52 S. Brosch. DM 44,65.

Bei der Bestimmung der Ungleichmäßigkeit von Fäden unter Benutzung spezieller Meß- und Prüfgeräte wird gewöhnlich die Fadenmasse/Längeneinheit in einen Meßwertaufnehmer in eine äquivalente, meßtechnisch gut weiterverarbeitbare physikalische Größe umgewandelt. Da die Meßwertaufnehmer infolge ihrer nicht unendlich kleinen Abmessungen den Faden nicht punktförmig, sondern über eine jeweils konstruktiv vorgegebene, meist nicht unterschreitbare Länge abtasten, werden Fadenmasseschwankungen, deren Wellenlänge dem Bereich dieser Abtastung nahekommt, fehlerhaft übertragen.

Die Verfasser setzen sich theoretisch und praktisch mit dem Übertragungsverhalten von kapazitiven Meßwertaufnehmern (Meßkondensatoren) auseinander, wobei insbesondere untersucht wird, in welchem Maße durch derart verfälscht übertragene Meßwerte die daraus berechnete Längenvariationsfunktion als eine der möglichen, die Ungleichmäßigkeit eines Faserverbandes charakterisierenden Kennfunktionen fehlerhaft wird.

Es wird zunächst dargelegt, wie die Form des Meßfeldes sowie seine effektive Länge aus der Zeitfunktion der Kapazitätsänderung bestimmt werden kann. Diese Zeitfunktion erhält man, wenn das Meßfeld mit gleichförmiger Geschwindigkeit entweder von einem Massepunkt (z. B. Knoten in einem Perlonfaden), von einem in seiner Masse/Längeneinheit sich sprungförmig ändernden Meßobjekt oder von einem Meßobjekt mit rechteckförmiger Materialdichteverteilung passiert wird. Als effektive Meßfeldlänge wird die Strecke zwischen den Punkten definiert, an denen die Meßfeldstärke auf den halben Wert der maximalen Feldstärke abgesunken ist.

Bei bekannter Meßfeldform, bekannter Geschwindigkeit des Prüfgutes und bekannter Meßzeit läßt sich die durch die Bewegung des Prüfgutes entstehende effektive Abtastlänge berechnen. Grundlage für diese Berechnung ist die sogenannte Gewichtsfunktion. Diese gibt die Stärke an, mit der einzelne Punkte eines Prüfgutes bei der Abtastung während der Meßzeit an der Mittelwertbildung beteiligt sind. Der Quotient aus dem Flächenintegral der Gewichtsfunktion und dem Maximalwert der Gewichtsfunktion ist als die effektive Abtastlänge definiert.

Unter der Annahme eines cosinus- oder rechteckförmigen Feldstärkeverlaufes im Meßkondensator (ersterer für Längsfeldkondensatoren, letzterer für Querfeldkondensatoren typisch) werden die Gewichtsfunktionen, die je nach Anfangsbedingungen nur für jeweils bestimmte Intervalle gültig sind, allgemein abgeleitet. Mit Hilfe der erhaltenen Resultate werden schließlich unter der Annahme einer sinus- oder rechteckförmigen Materialdichteverteilung und bei Verwendung eines Meßkondensators mit cosinus- oder rechteckförmigem Feldstärkeverlauf bzw. mit einem unendlich kurzen Meßfeld sechs Längenvariationskurven berechnet und einander gegenübergestellt. Ein Vergleich mit praktisch aufgenommenen Kurven bestätigt die Richtigkeit der theoretischen Ergebnisse.

Es zeigt sich, daß der Vermittelungs- (bzw. Verzerrungs-) Faktor generell von der effektiven Abtastlänge abhängig ist und bei gegebenem Meßwertgeber für unterschiedliche Wellenlängen der Materialdichteschwankung verschieden ist. Wird in der Praxis die Bedingung Einflußlänge des Meßwertgebers $\leqq 0{,}1 \cdot$ Wellenlänge der kürzesten vorkommenden periodischen Materialdichteschwankung eingehalten, so ist der durch die Vormittelung entstehende Fehler des berechneten Variationskoeffizienten kleiner als 3% (bei einem Kondensator mit rechteckförmigem Feldstärkeverlauf → Querfeldkondensator) bzw. 2% (bei einem Kondensator mit cosinusförmigem Feldstärkeverlauf → Längsfeldkondensator). Es wurde gefunden, daß die kleinsten Fehler der Längenvariationskurve dann zu verzeichnen sind, wenn die effektive Abtastlänge gleich $v \cdot T$ (v = Prüfgutgeschwindigkeit, T = Abtastzeit) gesetzt wird.

In der Arbeit werden am Schluß Ergebnisse aus Untersuchungen zur Feuchtigkeitsempfindlichkeit verschiedener Meßkondensatortypen vorgestellt. Hiernach reagieren Längsfeldkondensatoren (untersucht wurde ein Kondensatortyp der Fa. Haase-Deyerling, Negenborn) etwa fünfmal stärker auf Feuchtigkeitsänderungen als Querfeldkondensatoren (untersucht wurden ein Kondensatortyp der gleichen Firma sowie ein Kondensatortyp der Fa. Zellweger, Uster). Die Meßwertänderung pro 1% Feuchtigkeitsänderung betrug beim Längsfeldkondensator etwa 1,5%, beim Querfeldkondensator etwa 0,3%.

Hervorzuheben sind die exakten und gut gegliederten mathematisch-theoretischen Überlegungen. *R. Beyreuther*

Macromolecular Reviews. Vol. 3. New York/London/Sydney: Interscience Publ./Wiley 1968, IX, 435 S. Lwd. 140 s.

Der vorliegende Band bietet diesmal eine wohldosierte Mischung aktuell interessierender Beiträge.

J. E. Herz und *V. Stannett* geben einen Überblick über die Copolymerisation im kristallinen Zustand (48 S., 55 Lit.).

L. Reich berichtet über Untersuchungen des Abbaues von Polymeren mittels Differential Thermoanalyse (64 S., 94 Lit.). Für alle, die sich mit Polyacrylnitril beschäftigen, wird die ausführliche Übersicht von *R. B. Beevers* über die physikalischen Eigenschaften von Polyacrylnitril und dessen Copolymeren von besonderem Interesse sein (129 S., 361 Lit.). Behandelt werden die Lösungsmittel für PAN, die Eigenschaften verdünnter und konzentrierter Lösungen, die Kristallisation aus Lösungen, Spektroskopische Studien und Röntgenographie, Übergänge im Festkörper und Strukturänderungen, besonders Abbau und Verfärbung. *V. A. Bloomfield* befaßt sich mit den hydrodynamischen Eigenschaften der DNA (51 S., 340 Lit.), einem sehr intensiv bearbeiteten Gebiet.

Den letzten Beitrag bildet eine Übersicht über ein sehr aktuelles Thema von *J. F. Henderson* und *M. Szwarz* über die Verwendung lebender Polymerer bei der Herstellung von Polymerstrukturen kontrollierter Architektur (79 S., 164 Lit.).

Ein Autorenverzeichnis der im Text erwähnten und der zitierten Autoren, ein Sachverzeichnis sowie ein Verzeichnis der bisher erschienenen Beiträge schließen den sehr gut ausgestatteten Band ab. *H. Herma*

Principles of Wood Science and Technology. I. Solid Wood. Von *Franz F. P. Kollmann* und *Wilfred A. Côté jr.* Berlin/Heidelberg/New York: Springer 1968. XII, 592 S. Lwd. DM 77,20.

In sehr guter Ausstattung liegt hier der erste Band eines Werkes vor, das in knapper Form sehr vielseitige Informationen liefert. Die ersten 159 Seiten mit den mehr biologischen Aspekten sind von *Côté* verfaßt, die folgenden fast 400 Seiten mit Holzphysik und Technologie von *Kollmann.* Gegenüber der sehr ausführlichen Darstellung von *Kollmann* erscheint der Beitrag von *Côté* zuweilen etwas zu knapp, wobei auch relativ wenig Literatur berücksichtigt wurde. Auf gewisse Probleme, offene Fragen oder widersprüchliche Ansichten wird kaum eingegangen, so daß die von *Côté* bearbeiteten Sachgebiete nicht mehr als eine sehr gute Information sein können. Was allerdings gebracht wird, ist sehr gut ausgesucht und konzipiert und vor allem klar formuliert, so daß jeder Benutzer, der sich informieren will, diese Kapitel mit Gewinn lesen wird.

Im einzelnen wird die Struktur des Holzes in einer kurzen Übersicht auf 9 Seiten abgehandelt. Auf spezielle xylotomische Probleme wird nicht eingegangen, doch wären Hinweise auf entsprechende Standardwerke nützlich. Ausführlicher wird die Ultrastruktur behandelt, wobei der Autor zum großen Teil auf eigene Arbeiten zurückgreifen und die Ausführungen mit ausgezeichneten elektronenmikroskopischen Aufnahmen belegen kann. Ein besonderer Abschnitt ist dem Reaktionsholz gewidmet, das nicht nur rein wissenschaftliches Interesse genießt. Auf die praktische Bedeutung wird im Abschnitt Holzfehler näher eingegangen.

Das zweite Kapitel über die chemische Zusammensetzung des Holzes auf nur 23 Seiten soll nur eine kurze Einführung sein, auf entsprechende Standardwerke wird verwiesen. Trotzdem ist es erstaunlich, wieviel Informationen, zum Teil in Tabellen, hier enthalten sind. Die Chemie des Reaktionsholzes ist relativ ausführlich behandelt, und Angaben über die Verteilung der einzelnen chemischen Komponenten in der Zellwand fehlen nicht.

Das dritte Kapitel ist den Holzfehlern und Abnormitäten gewidmet, die technisch von Bedeutung sind. Das vierte Kapitel enthält eine recht ausführliche Besprechung der Holzzerstörung durch Pilze und Insekten sowie auch der marinen Schädlinge. Mit dem fünften Kapitel über Holzschutz beschließt *Côté* seine Beiträge.

Kollmann beginnt mit der Holzphysik, einem ausführlichen Beitrag über Dichte, spezifisches Gewicht, Feuchtigkeitsgehalt, kapillare Bewegung und Diffusion von Flüssigkeiten, physikalische Probleme der Holzimprägnierung, thermische, elektrische und akustische Eigenschaften des Holzes. Einige Ausführungen über Holz-Flüssigkeits-Beziehungen dürften auch für Chemiker von Interesse sein. Im Kapitel über Holzmechanik erscheinen die Ausführungen über die Rheologie für die Leser dieser Zeitschrift von Bedeutung. Es folgen zwei Kapitel über Holztrocknung und Holzzerkleinerung, vor allem Sägen.

Literaturverzeichnisse sind jedem Kapitel angefügt. Das Buch wird beschlossen von einem Autorenverzeichnis und einem sehr ausführlichen Stichwortverzeichnis. Jeder, der sich in irgendeiner Weise mit dem Holz beschäftigt, wird dieses Buch gern zur Hand nehmen. *G. Casperson*

Zur Entwicklung von Prüfmethoden für die Bestimmung der Pflegesymbole „Chemisch Reinigen“. Von *Dietrich Lenz*, *Ruth Merten* und *Heinrich Kreipe*. Forschungsberichte des Landes Nordrhein-Westfalen. Nr. 1999. Köln und Opladen: Westdeutscher Verlag 1968. 24 S. 8° kart. DM 11,95.

Die Forschungsstelle für Chemischreinigung e. V. in Krefeld befaßt sich seit vielen Jahren mit der Pflegekennzeichnung für Textilien im Rahmen der Chemischreinigung. Damit sollen insbesondere dem Veredler und Konfektionär Richtlinien für die Prüfung und Kennzeichnung in die Hand gegeben werden, die zur klaren Anweisung für den Chemisch-Reiniger dienen. Der vorliegende Bericht legt Rechenschaft über die Entwicklung der letzten 10 Jahre ab. Dabei werden die Beiträge des Institutes im Rahmen der Entwicklung auf diesem Gebiet in Westeuropa und den USA sowie innerhalb internationaler Gremien (ISO und Internationales Technisches Komitee für die Pflegekennzeichnung) umrissen.

Beschrieben werden die Entwicklung der Prüfvorschriften für die Pflegesymbole A, P, F für die Chemischreinigung bei allgemeiner Anwendbarkeit, bei Einschränkung auf Perchloräthylen und Benzin. Der Zusatz von Reinigungsverstärkern und Wasser wird erst in neuerer Zeit berücksichtigt. Hinsichtlich der anzuwendenden Temperatur und Zeit werden verschiedene Varianten diskutiert. Für eine Durchführung der Testung von gefärbten oder bedruckten Waren wird auf einen in Krefeld entwickelten Modellreinigungsverstärker mit Wasserzusatz hingewiesen.

Die Schrift gibt eine kritische Einschätzung des erreichten Standes bei der Schaffung von einheitlichen Prüfrichtlinien und kann als positiver Beitrag zur Klärung dieser bisher häufig allzu empirisch behandelten Probleme angesehen werden. Ein Hinweis auf die noch offenen Fragen beschließt den anschaulich geschriebenen Bericht. *H.-J. Flath*

Berichtigung

Zu der Arbeit

V. Gröbe und *R. Gieseke*: Einfluß des pH-Wertes wäßriger Fällbäder auf die Eigenschaften naßgesponnener Polyacrylnitrilfäden
Faserforsch. u. Textiltechnik **20** (1969) 1, S. 30—41

wird folgende Ergänzung mitgeteilt:

„Die Methode der Einbettung von Gelfäden in Polyäthylenglykol (S. 32) wurde von *A. Gröbe* und *J. Ludwig* ausgearbeitet; sie wird demnächst in dieser Zeitschrift ausführlich beschrieben werden.“

In der Arbeit

G. Casperson, *B. Philipp*, *V. Jacopian* und *E. Hoyme*: Zum Quellungsverhalten von Normalholz- und Zugholzfasern der Pappel
Faserforsch. u. Textiltechnik **20** (1969) 2, S. 61—70

muß die Unterschrift von Bild 17 auf S. 68 richtig heißen:

„Ultradünnschnitt durch Cuen-gequollene und gefriergetrocknete *Zugholzfaser* (Probe 1 b).“

In der Arbeit

B. Philipp, *H. Dautzenberg* und *W. Schmiga:* Zur Kinetik der Xanthogenatbildung und -zersetzung bei einigen niedermolekularen Alkoholen und einfachen Zuckern. Teil I
Faserforsch. u. Textiltechnik **20** (1969) 3, S. 111—117

muß auf S. 114, rechte Spalte, Zeile 21 von unten die Gruppierung

O—C—C—OH

und vier Zeilen tiefer die Gruppierung

>N—C—C—OH

heißen.

In der Arbeit

V. Gröbe und *R. Gieseke:* Vergleich der Struktur und des Farbstoffaufnahmevermögens von Fäden aus Polyacrylnitril und Acrynitril/Methylacrylat-Copolymerisaten
Faserforsch. u. Textiltechnik **20** (1969) 5, S. 231—241

sind durch ein technisches Versehen die Bilder 7 auf S. 235 und 11 auf S. 236 miteinander vertauscht worden.

Annual Conference 1969 des Textile Institute in Brüssel

Die Jahreskonferenz des Textile Institute findet vom 23. bis zum 25. September 1969 in Brüssel, Auditorium Mail, rue de Mail, unter dem Titel

Functional Textiles in Transport

statt.

In den Vorträgen werden Fragen der Verwendung von Textilien und Bekleidungen in einem weiten Bereich des Transportwesens — von der Raumfahrt bis zur Tiefseefischerei — behandelt. Anmeldevordrucke für die Konferenz sind erhältlich von: The Textile Institute, 10 Blackfriars Street, Manchester M3 5 DR, England.

Patentschau

Auszug aus Lieferung 3/4/1969 der Patentschau „Faserstoffe und Textiltechnik", Ausgabe A: Faserstoffe einschl. Kunststoffe und organ. Grundsubstanzen, zusammengestellt von der Abteilung Wissenschaftliches Berichtswesen des Instituts für Faserstoff-Forschung der DAW, 153 Teltow-Seehof, Kantstr. 55

Die Patentschau ist nach der deutschen Patentklasseneinteilung gegliedert. Es bedeuten: DDP = DDR-Patent; DBP = Deutsches Bundespatent; DAS = (West)-Deutsche Auslegeschrift; OeP = Österreichisches Patent; PoP = Polnisches Patent; SzP = Schweizer Patent; FrP = Französisches Patent; GBP = Britisches Patent; JaP = Japanisches Patent; SvP = Schwedisches Patent; SUP = Sowjetisches Patent; ČSP = Tschechoslowakisches Patent; USP = Amerikanisches Patent; A = Anmeldedatum, B = Tag der Ausgabe der Patent- bzw. Auslegeschrift.

Klasse 12o, 6. Synthetische Derivate der Kohlenhydrate u. dgl., z. B. Celluloseester, auch Viskose

JaP 21760/68. Cellulose. Inh.: Mitsubishi Electric MFG. Co. A. 24. 3. 65, B. 7. 9. 68. A.-Z.: 17088/65.

SUP 227316 (Urheberschein). Verfahren zur Modifizierung von Vinyläthern der Cellulose. Erf. u. Anm.: *A. I. Poljakov*, *L. A. Poljakova* u. *V. V. Smagin*. A. 10. 7. 67, B. 25. 9. 68. Kl.: 12o, 6. A.-Z.: 1172089/23–4.

Klasse 12o, 14. Aromatische Carbonsäuren und Harzsäuren (teilweise)

DAS 1270030. Verfahren zur Reinigung von Terephthalsäure. Erf.: *Yasuhiro Fujita*. Anm.: Mitsui Petrochemical Industries, Ltd. Tokio. A. 26. 4. 63, B. 12. 6. 68. Kl.: 12o, 14 (12g, 11/00, 39c, 16). A.-Z.: P 1270030. 0–42. (M 56627). Prior.: 27. 4. 62 (Ja; A.-Z.: 16624, 16625). Entspr. FrP 1355273 u. GBP 982629.

FrP 1547429 (Aj.). Verfahren zur Reinigung von Terephthalsäure. Inh.: Société des Usines Chimiques Rhône-Poulenc. A. 29. 5. 67, B. 29. 11. 68. Int. Kl.: C 07c. A.-Z.: 108247.

JaP 21054/68. Reinigung von Terephthalaten. Inh.: Showa Denko K. K. A. 26. 7. 65, B. 9. 9. 68. Kl.: 16C. A.-Z.: 44822/65. Entspr. DAS 1274111.

Klasse 12o, 21. Carbonsäuren mit ungesättigter Atomkette, z. B. Zimtsäure (teilweise)

DAS 1267683. Verfahren zur Herstellung von Vinylcyanid (= Acrylsäurenitril). Erf.: *Ernst Weingaertner*. Anm.: Deutsche Erdöl-AG, Hamburg, 13, Mittelweg 180. A. 11. 8. 64, B. 9. 5. 68. Kl.: 12o, 21 (12g, 11/00). A.-Z.: P 1267683. 4–42 (D 45164).

Klasse 12p, 5. Stickstoffringe der heterocyclischen Reihe mit einem Stickstoffatom. Sonstige Ringe mit einem Stickstoffatom . . .; Lactame . . . (teilweise)

JaP 22104/68. Lactam. Inh.: Toyo Rayon Co. Ltd. A. 6. 12. 65, B. 21. 9. 68. A.-Z.: 74611/65.

JaP 23459/68. Herstellung von Lactam. Inh.: Toyo Rayon K. K. A. 24. 1. 63, B. 9. 10. 68. Kl.: 16E. A.-Z.: 3429/63.

PoP 56408. Verfahren zur Trennung des α-Amino-ω-lactams vom Katalysator nach katalytischer Hydrierung des in Wasser gelösten α-Nitro-ω-lactamsalzes. Inh.: Stamicarbon N. V., Heerlen (Nd). A. 3. 8. 66. Kl.: 12 p, 5. Prior.: 13. 8. 65 (Nd).

Klasse 29a. Mechanische Gewinnung von Gespinstfasern

PoP 56443. Verfahren zur Herstellung von Streich- und Kammgarn aus einfachem gedroschenem Leinenstroh. Erf.: *Waldemar Cierpucha*, *Kazimierz Uranowicz* u. *Wincenty Stosuj*. Inh.: Instytut Przemyslu Włókien Łykowych, Poznań (Po). A. 21. 3. 66. Kl.: 29a, 2/03.

DDP 64539. Spinndüse mit spaltförmigen Düsenöffnungen. Erf. u. Inh.: *Helmut Kern*, Rudolstadt u. *Werner Lochelfeldt*, Gröbzig, A. 31. 7. 67, B. 5. 11. 68. Kl.: 29a, 6/04. A.-Z.: WP 29a/126313.

USP 3405424. Vorrichtung und Verfahren zur Herstellung von hohlen synthetischen Faserstoffen. Erf.: *Ulrich Imobersteg* u. *Walter-Joachim Schulze*. Inh.: Inventa AG für Forschung und Patentverwertung, Zürich (Sz). A. 27. 10. 66, B. 15. 10. 68. Kl.: 18–8. 8 Anspr. A.-Z.: 589979.

FrP 1542655. Verstärkungsgewebe aus Fäden sowie Verfahren und Vorrichtung zur Herstellung von Fäden. Inh.: Algemene Kunstzijde Unie N. V. A. 18. 8. 67, B. 18. 10. 68. Int. Kl.: D 01d, D 01f u. B 60c 9/00. A.-Z.: 118282. Prior.: 8. 9. 66 (Nd; A.-Z.: 6612628).

FrP 1545234. Vorrichtung zur Herstellung synthetischer Seiden, deren Einzelfäden aus zwei Bestandteilen bestehen. Inh.: Algemene Kunstzijde Unie N. V. A. 23. 11. 67, B. 8. 11. 68. Int. Kl.: D 01d. A.-Z.: 129374. Prior.: 23. 11. 66 (Nd; A.-Z.: 6616462).

USP 3406427. Vorrichtung zum Erspinnen von zusammengesetzten Fäden. Erf.: *Michio Tsuji*. Inh.: Japan Exlan Co. Ltd., Kita-ku, Osaka (Ja). A. 3. 11. 66, B. 22. 10. 68. Kl.: 18–8. 1 Anspr. A.-Z.: 40/89875). Entspr. FrP 1498195.

DDP 64771. Vorrichtung zum Befeuchten von synthetischen Fäden. Erf. u. Inh.: *Siegmund Gernhardt*, Saalfeld/Saale; *Siegfried Hoffrichter* u. *Alfred Bidmon*, Rudolstadt. A. 4. 1. 68, B. 20. 11. 68. Kl.: 29a, 6/08. A.-Z.: WP 29a/129415.

USP 3407583 Zus. z. Pat. m. A.-Z.: 609463. A. 16. 1. 67. Splissen von textilen Bändern. Erf.: *Malcom F. Irvin* u. *Fredrick J. E. Hampel*. Inh.: Techniservice Co., Lester, Pa. A. 12. 6. 67, B. 29. 10. 68. Kl.: 57–22. 11 Anspr. A.-Z.: 645410.

JaP 22328/68. Spinndüsenkonstruktion. Inh.: Jyujo Seisakusho Co. Ltd. A. 13. 11. 65, B. 25. 9. 68. A.-Z.: 69400/65.

DAS 1278065. Schrumpfhülse aus elastischem Material. Erf.: *Walter Henning*. Anm.: *José Jungbecker*, 5100 Aachen, Ros-Str. 11/13. A. 17. 7. 64, B. 19. 9. 68. Kl.: 29a, 6/13. A.-Z.: P 1278065. 3–26 (J 26226).

DDP 64542. Verfahren zur Herstellung von Kräuselfasern. Erf.: *Gerrit Schuur*. Inh.: Shell Internationale Research Maatschappij N. V., Den Haag (Nd). A. 29. 8. 67, B. 5. 11. 68. Kl.: 29a, 6/20. A.-Z.: AP 29a/126877. Prior.: 31. 8. 66 (Nd; A.-Z.: 6612238).

SzP 465757. Vorrichtung zum Kräuseln von Textilgarnen durch Falschdrall. Erf.: *Josef Raschle*. Inh.: Heberlein & Co. AG, Wattwil. A. 18. 6. 68, Kl.: 29a, 6/20. A.-Z.: 9056/68.

USP 3407585. Vorrichtung zur Behandlung von Seide. Erf.: *Richard G. Hilbert*. Inh.: Leesona Corp., Warwick, R. J. A. 7. 6. 67, B. 29. 10. 68. Kl.: 57–34. 17 Anspr. A.-Z.: 644312.

USP 3408717. Verfahren zur Texturierung synthetischer Polymerfäden. Erf.: *Ronald O. Bryant* u. *Derek W. Thom*. Inh.: Fiber Industries, Inc. A. 19. 1. 66, B. 5. 11. 68. Kl.: 28–72. 3 Anspr. A.-Z.: 521728.

DAS 1276861. Spinnkopf zum Schmelzspinnen. Erf. u. Anm.: *Hans Hench*, 8750 Aschaffenburg, Aschaffstr. 75. A 27. 4. 64, B. 5. 9. 68. Kl.: 29a, 6/31. A.-Z.: P 1276861. 5–26 (H 52519). Entspr. GBP 1079771 u. USP 3299471.

DAS 1278685. Vorrichtung zur Herstellung von künstlichen Fäden nach dem Schmelzspinnverfahren. Erf.: *James Watt Isbrand Heijnis*. Anm.: N. V. Onderzoekingsinstituut Research, Arnheim (Nd). A. 2. 11. 61, B. 26. 9. 68. Kl.: 29a, 6/31. A.-Z.: P 1278685. 5–26 (N 20769). Prior.: 3. 11. 60 (Nd; A.-Z.: 257588).

JaP 20248/68. Düsenspinnverfahren. Inh.: Toyo Rayon Co. Ltd. A. 30. 12. 66, B. 30. 8. 68. A.-Z.: 85823/66.

JaP 22329/68. Schmelzverklebte Seide. Inh.: Asahi Chemical Ind. Co. Ltd. A. 15. 7. 65, B. 25. 9. 68. A.-Z.: 42274/65.

Klasse 29b. Chemische Gewinnung bzw. Herstellung von Spinnfasern und Fäden sowie ihre Präparation für die Textile Weiterverarbeitung

JaP 21510/68. Kohlenstoff-Fäden. Inh.: Tokai Electrode MFG. Co. Ltd. A. 9. 8. 66, B. 14. 9. 68. Kl.: 42E. A.-Z.: 51899/66.

DAS 1276288. Viskose-Modifizierungsmittel. Erf.: *Martin Reuter*, *Franz Landauer* u. *Ludwig Orthner*. Anm.: Farbwerke Hoechst AG vorm. Meister Lucius & Brüning, 6000 Frankfurt. A. 6. 10. 62, B. 29. 8. 68. Kl.: 29b, 3/20 (39b, 1, 23/04 u. 39b1, 21/20). (F 37989). Entspr. FrP 1371032.

JaP 19614/68. Polynosische Faserstoffe mit niedriger Faserung. Inh.: Mitsubishi Rayon Co. Ltd. A. 28. 10. 65, B. 24. 8. 68. A.-Z.: 6624/65.

DAS 1276862. Verfahren zur Herstellung von Fäden, Fasern oder Folien aus Celluloseäthern, die Oxyalkyl- und/oder Carboxyalkylgruppen enthalten. Erf.: *Paul Weber*, u. *Rainer Thomas*. Anm.: Prix-Werke AG, 2000 Hamburg 36, Stephansplatz 10. A. 26. 11. 62, B. 5. 9. 68. Kl.: 29b, 3/30, A.-Z.: P 1276862. 6–43 (P 30646).

DAS 1274786. Verfahren zum Verbessern der Anfärbbarkeit von geformten Gegenständen aus Polyestern. Erf.: *Robert Miller*, *Milton Farber* u. *Frederick Charles Loveless*. Anm.: Uniroyal, Inc., New York, N. Y. (US). A. 22. 1. 65, B. 8. 8. 68. Kl.: 29b, 3/60. A.-Z.: P 1274786. 3–43 (U 11394).

DAS 1277512 Zus. z. Anm.: Z 8467 IVc/29b (DAS 1268310). Verfahren zur kontinuierlichen Pigmentierung von Hochpolymeren. Erf.: *Hermann Rath*, *Otto De Riz* u. *Hans-Jochen Rothe*. Anm.: Vickers-Zimmer AG Planung und Bau von Industrieanlagen, 6000 Frankfurt, Borsigallee 1–7. A. 18. 11. 64, B. 12. 9. 68. Kl.: 29b, 3/60. A.-Z.: P 1277512. 1–43 (Z 11183). Entspr. FrP 1445046.

JaP 19621/68. Poly-γ-alkylglutamat-Faserstoffe. Inh.: Kanegafuchi Spinning Co. Ltd. A. 6. 6. 66, B. 24. 8. 68. A.-Z.: 36753/66.

JaP 20269/68. Schmelzspinnen von Polyestern. Inh.: Teijin Co. Ltd. A. 21. 12. 66, B. 30. 8. 68. A.-Z.: 83754/66.

SUP 228226 (Urheberschein). Verfahren zum Stabilisieren von Polyamiden und Polyamiderzeugnissen. Erf. u. Anm.: *L. N. Smirnov*, *V. M. Charitonov*, *E. Ja. Ostanina* u. *V. K. Murav'ev*. A. 28. 11. 66, B. 8. 10. 68. Kl.: 29b, 3/60. A.-Z.: 1115157/23–4.

DAS 1278066. Verfahren zur Herstellung von Fäden, die überwiegend aus Polyvinylchlorid hochsyndiotaktischen Grades bestehen. Erf.: *Corrado Mazzolini*, *Giancarlo Borsini*, *Francesco Denti* u. *Romano Curti*. Anm.: Chatillon Società An. Italiana per le Fibre Tessili Artificiali S. p. A., Mailand (It). A. 4. 4. 63, B. 19. 9. 68. Kl.: 29b, 3/65. A.-Z.: P 1278066. 4–43 (A 42823). Prior.: 6. 4. 62, 27. 9. 62 u. 14. 11. 62 (It; A.-Z.: 22188, 27523, 27533, 28989 u. 28990).

SUP 226781 (Urheberschein). Verfahren zur Herstellung von Pfropfcopolymeren auf der Basis von Acrylnitril. Erf. u. Anm.: *V. I. Nikitin*, *E. S. Roskin*, *I. Ja. Kalontarov*, *V. V. Darvin* u. *Ju. A. Konchin*. A. 23. 6. 65, B. 16. 9. 68. Kl.: 29b, 3/65. A.-Z.: 1014082/23–5.

USP 3408435. Verfahren zur Extrusion von elastischen Polyepichlorhydrinfäden. Erf.: *Lawrence J. Logan jr.* u. *George C. Oppenlander*. Inh.: Hercules Inc., Wilmington, Del. A. 13. 12. 66, B. 29. 10. 68. Kl.: 264–210. 3 Anspr. A.-Z.: 601300. Entspr. FrP 1514289 u. GBP 1127882.

USP 3406437. Verfahren zum Behandeln von Fäden. Erf.: Wilson W. Tew. Inh.: Allied Chemical Corp., New York, N. Y. A. 29. 3. 66, B. 22. 10. 68. Kl.: 28–72,6. 6 Anspr. A.-Z.: 538406.

JaP 19628/68. Polyesteräther. Inh.: Asahi Chem. Ind. Co. Ltd. A. 31. 10. 66, B. 24. 8. 68. A.-Z.: 71555/66.

JaP 21000/68. Polypropylenfaserstoff. Inh.: Mitsubishi Rayon Co. A. 24. 11. 65, B. 9. 9. 68.

Klasse 32a, 37/00. Herstellung von Fasern oder Fäden aus flüssigem Glas, flüssigen Mineralien oder flüssiger Schlacke

FrP 1543495. Fäden, die aus synthetischen Mineralprodukten erhalten wurden, wie zum Beispiel Glasfäden, und die eine verstärkte mechanische Widerstandskraft aufweisen, sowie Verfahren zu deren Herstellung. Inh.: Quartz & Silice. A. 15. 9. 67, B. 25. 10. 68. Int. Kl.: D 02g u. C 03b 37/00. A.-Z.: 121199.

SvP 214935. Verfahren und Vorrichtung zur Spinnteilung von Elementarfäden aus Glas oder anderem beim Erhitzen von zähflüssigem Material. Erf.: *K.-H. Heuvelmans*. Inh.: Aachen-Gerresheimer Textilglas GmbH-Gevetex, Aachen (DB). A. 15. 8. 61, B. 29. 8. 67. Kl.: 32a, 37/01.

Klasse 32b. Chemische Zusammensetzung von Gläsern, Glasuren oder Emails; Oberflächenbehandlung von Glas; Verbinden von Glas mit Glas oder anderen Stoffen

USP 3406021 Zus. z. Pat. m. A.-Z.: 463096 u. 113526. A. 11. 6. 65 u. 29. 5. 61. Verfahren und Vorrichtung zur Verarbeitung von fadenbildenden Mineralmaterialien. Erf.: *Frank Day*, *Magnus Froberg* u. *Jerry B. Holschlag*. Inh.: Owens-Corning Fiberglas Corp. A. 8. 12. 66, B. 15. 10. 68. Kl.: 65–1. 16 Anspr. A.-Z.: 600269. A.-Z.: 113526, vgl. auch USP 3321290. Entspr. SzP 405626.

USP 3408225. Mit einem Polycarbonat geschlichtete Glasfaserstoffe. Erf.: *Hugo Streib* u. *Wilhelm Hechelhammer*. Inh.: Farbenfabriken Bayer AG, Leverkusen (DB). A. 31. 7. 64, B. 29. 10. 68. Kl.: 117–126. 8 Anspr. A.-Z.: 386738. Prior.: 3. 8. 63 u. 29. 11. 63 (DB; A.-Z.: F 40408 u. F 41418). Entspr. FrP 1402702.

Klasse 39b. Verarbeiten von plastischen Massen, Kautschuk und hornartigen Stoffen, soweit nicht anderweitig vorgesehen (chemischer Teil), auch von Brems- und Schleifmassen sowie thermischen und akustischen Isoliermassen (teilweise)

USP 3408249. Verkleben von Textilmaterialien mit Kautschuk. Erf.: *Robert W. Brown*. Inh.: Uniroyal Inc. A. 7. 8. 64, B. 29. 10. 68. Kl.: 161–88. 20 Anspr. A.-Z.: 388287. Entspr. FrP 1441385, GBP 1029320 u. GBP 1050872.

JaP 20762/68. Polyamidharz. Inh.: Texe Rayon Co. Ltd. A. 25. 1. 65, B. 6. 9. 68. A.-Z.: 3579/65.

JaP 20361/68. Hitzebeständiges Antistatikum. Inh.: Sanyo Chem. Ind. Co. Ltd. A. 23. 4. 64, B. 2. 9. 68. A.-Z.: 23288/44.

JaP 18182/68. Färben von Polypropylenmaterialien. Inh.: Mitsui Chem. Ind. Co. Ltd.A. 18. 8. 65, B. 1. 8. 68. A.-Z.: 49929/65.

JaP 18451/68. Polyolefinkomposition. Inh.: Asahi Denka Ind. Co. Ltd. A. 4. 2. 65, B. 7. 8. 68. A.-Z.: 5784/65.

JaP 21291/68. Organozinndicyanacetatderivate. Inh.: Sekisui Chemical Ind. Co. A. 22. 12. 65, B. 12. 9. 68. A.-Z.: 79448/65.

SvP 216103. Weichgemachte Komposition. Erf.: *M. J. Hurwitz, E. M. Beavers* u. *A. M. Craig jr.* Inh.: Rohm & Haas Co., Philadelphia, Penn. (US). A. 5. 12. 58, B. 17. 10. 67. Kl.: 39b, 22/06.

SvP 216344. Thermoplastisches Material überwiegend aus einem stark kristallinen Polymeren des Propylens in Mischung mit einem festen Propylen/Äthylen-Copolymeren sowie Verfahren zur Herstellung des thermoplastischen Materials. Erf.: *F. Ranalli*. Inh.: Montecatini Soc. Gen. per l'Industria Mineraria e Chimica, Mailand (It); u. *K. Ziegler* Mülheim (DB). A. 14. 7. 58, B. 24. 10. 67. Kl.: 39b, 22/06. Prior.: 16. 7. 57 (It; A.-Z.: 10577). Entspr. SzP 417087.

SUP 226837 (Urheberschein). Verfahren zum Stabilisieren von Polyvinylchlorid. Erf.: *A. S. Danjuševskij, L. A. Igonin* u. *L. M. Kuračenkova*. Anm.: Naučnoissledovatel'skij institut plastičeskich mass. A. 15. 4. 66, B. 16. 9. 68. Kl.: 39b, 22/06. A.-Z.: 1068887/23–5.

JaP 17810/68. Preßmasse aus optisch aktivem Poly-γ-methylglutamat. Inh.: Asahi Chem. Ind. Co. Ltd. A. 13. 6. 64, B. 29. 7. 68. Kl.: 25H. A.-Z.: 33217/64. Entspr. FrP 1405564, GBP 1051327 u. USP 3344218.

JaP 23449/68. Behandlung von Abfallpolyestern. Inh.: Toyo Rayon Co. A. 3. 10. 64, B. 9. 10. 68. A.-Z.: 56394/64.

Klasse 39c. Herstellen von Kunstharzen

JaP 21849/68. Anfangs- und Zwischenabschnitte eines Reaktors für die Polymerisation/Kondensation. Inh.: Toyo Rayon Co. Ltd. A. 9. 12. 64, B. 18. 9. 68. A.-Z.: 68865/64.

SzP 465227. Verfahren zur Herstellung von Copolyamiden. Erf.: *Siegfried Schaaf* u. *Peter S. Gaut*. Inh.: Inventa AG für Forschung und Patentverwertung, Zürich, Stampfenbachstraße 38, Zürich. A. 17. 12. 65. Kl.: 39c, 10. A.-Z.: 17475/65. Entspr. FrP 1505727 u. GBP 1126896.

SzP 465230 Zus. z. Pat. 453697. Verfahren zur Herstellung von Polyamidimiden. Erf.: *Friedrich Grundschober* u. *Joerg Sambeth*. Inh.: Société Rhodiacéta, 21 rue Jean Goujon, Paris 16e (Fr). A. 6. 7. 66. Kl.: 39c, 10. A.-Z.: 9990/66. Entspr. DDP 58596 u. FrP 1498015.

SUP 226843 (Urheberschein). Verfahren zur Herstellung von niedermolekularen Polyamiden. Erf.: *A. D. Eselev, A. A. Blagnoravova, O. E. Batalin, V. N. Stokozenko* u. *B. L. Moldavskij*. Anm.: Gosudarstvennyj naučnoissledovatel'skij institut lakokrasočnoj promyšlennosti. A. 8. 7. 66, B. 16. 9. 68. Kl.: 38c, 10 (39b, 22/10). A.-Z.: 1090958/23–5.

USP 3407170. Lichtstabilisiertes Polyamid und Verfahren zur Herstellung dafür. Erf.: *Lawrence J. Exner*. Inh.: Rohm & Haas Co., Philadelphia, Pa. A. 16. 7. 65, B. 22. 10. 68. Kl.: 260–41. 5 Anspr. A.-Z.: 472729. Entspr. FrP 1484414 u. GBP 1121014.

JaP 22875/68. Polyamid. Inh.: Asahi Kasei Kogyo Kabushiki Kaisha. A. 28. 12. 63, B. 2. 10. 68.

USP 3408335. Anionische Polymerisation von Lactamen mit einem ungesättigten Lacton als Promotor. Erf.: *Johannes van Mourik* u. *Johannes van Beveren*. Inh.: Stamicarbon N. V., Heerlen (Nd). A. 10. 6. 65, B. 29. 10. 68. Kl.: 260–78. 14 Anspr. A.-Z.: 463010. Prior.: 13. 6. 64 (Nd; A.-Z.: 6406750). Entspr. SzP 452894, FrP 1438704 u. GBP 1092827.

SzP 465232. Verfahren zur Polymerisation bzw. Mischpolymerisation von cyclischen Anhydriden von Hydroxycarbonsäuren. Erf.: *Arie Klootwijk*. Inh.: Shell Internationale Research Maatschappij N. V., Carel van Bylandtlaan 30, Den Haag (Nd). A. 13. 12. 65. Kl.: 39c, 16. A.-Z.: 17152 54. Prior.: 14. 12. 64 (Nd; A.-Z.: 6414516). FrP. 1458028 u. GBP 1096899.

SzP 465875. Verfahren zur kontinuierlichen Herstellung von Polyestern. Erf.: *Wolfgang Griehl, Wolf-Diether Hahn* u. *Joachim Plenz*. Inh.: Inventa AG für Forschung und Patentverwertung Zürich, Stampfenbachstr. 38, Zürich. A. 16. 9. 66, Kl.: 39c, 16. A.-Z.: 13427/66. Entspr. FrP 1548446.

FrP 1548217. Verfahren zur Herstellung von Bis-(β-hydroxyäthyl)terephthalat und seines Vorpolymeren sowie neue, so erhaltene Produkte. Inh.: Mitsubishi Chemical Industries Ltd. A. 28. 12. 67, B. 29. 11. 68. Int. Kl.: C 07c. A.-Z.: 134123. Prior.: 30. 12. 66 (Ja; A.-Z.: 85798/66).

JaP 20315/68. Copolyester. Inh.: Mitsubishi Rayon Co. Ltd. A. 13. 8. 64, B. 31. 8. 68. A.-Z.: 46059/64.

SUP 225441 (Urheberschein). Verfahren zur Herstellung von Polybenzoxazolen. Erf. u. Anm.: *G. I. Braz, N. N. Voznesenskaja. A. Ja. Jakubovič* u. *V. S. Jakubovič*. A. 13. 6. 67, B. 29. 8. 68. Kl.: 39c, 10. A.-Z.: 1163975/23–5.

SUP 226847 (Urheberschein). Verfahren zur Herstellung von Polyarylaten. Erf.: *N. K. Moščinskaja, A. M. Karateev*, u. *E. A. Erina*. Anm.: Dnepropetrovskij chimiko-technologičeskij institut. A. 31. 10. 67, B. 16. 9. 68. Kl.: 39c, 16. A.-Z.: 1193743/23–5.

USP 3406152. Modifizierte faser- und filmbildende Polyester und verbesserte Faserstoffe daraus. Erf.: *Walter Koller*. Inh.: Farbwerke Hoechst AG vorm. Meister Lucius & Brüning, Frankfurt/M. (DB). A. 15. 7. 65, B. 15. 10. 68. Kl.: 260–75. 4 Anspr. A.-Z.: 472352. Prior.: 18. 7. 64 (DB; A.-Z.: F 43486 u. F 43487. A.-Z.: F 43486 entspr. DAS 1271987. Entspr. FrP 1441099 u. GBP 1074225.

USP 3406153 Zus. z. Pat. m. A.-Z.: 274903 u. 195325. A. 23. 4. 63 u. 16. 5. 62. Verfahren zur Herstellung von Polyäthylenterephthalat. Erf.: *Edwin E. Eaton* u. *James R. Small*. Inh.: E. I. du Pont de Nemours and Co., Wilmington, Del. A. 9. 8. 66, B. 15. 10. 68. Kl.: 260–75. 4 Anspr. A.-Z.: 571179. A.-Z.: 274903 u. 195325 entspr. GBP 1046831.

OeP 269476. Verfahren zur Herstellung makromolekularer Formaldehydpolymerisate. Inh.: Stamicarbon N. V., Heerlen (Nd). A. 24. 11. 65. Kl.: 39b, 16. A.-Z.: 10584/65. Prior.: 25. 11. 64 (Nd).

JaP 18147/68. Kristalline Polyätherharze. Inh.: Agency Industrial Science & Technology. A. 26. 3. 63, B. 1. 8. 68.

JaP 18154/68. Polymerisation von Trioxan. Inh.: Asahi Chemical Industry Co. Ltd. A. 2. 8. 63, B. 1. 8. 68. A.-Z.: 40310/63. Entspr. DAS 1244406, FrP 1404014, GBP 1056238 u. USP 3394107.

JaP 22871/68. Formaldehyd-Copolymeres. Inh.: Kurashiki Rayon Co. Ltd. A. 20. 6. 63, B. 2. 10. 68. Kl.: 26C. A.-Z.: 32259/63. Entspr. GBP 1057961.

JaP 23469/68. Formaldehydcopolymeres. Inh.: Kurashiki Rayon Co. Ltd. A. 24. 8. 64, B. 9. 10. 68. A.-Z.: 47113/64. Entspr. FrP 1445904 u. GBP 1108294.

USP 3409594. Polymercaptale aus aromatischen Dimercaptanen und Formaldehyd. Erf.: *Manuel Slovinsky*. Inh.: Celanese Corp. A. 14. 8. 64, B. 5. 11. 68. Kl.: 260–67. 7 Anspr. A.-Z.: 390268. Entspr. FrP 1446546 u. GBP 1106017.

SzP 465882. Verfahren zur Herstellung von Copolymeren. Erf.: *Grégoire Kalopissis* u. *André Viout*. Inh.: L'Oréal, 14, rue Royale, Paris 8e (Fr). A. 13. 5. 66. Kl.: 39c, 25/01. A.-Z.: 1847/68. Prior.: 13. 5. 65 (Lu; A.-Z.: 48592) u. 20. 4. 66 (Fr; A.-Z.: 58324).

FrP 1545035. Verfahren zur Polymerisation und Copolymerisation von Olefinen. Inh.: Soc. An. Solvay u. Cie. A. 20. 11. 67, B. 8. 11. 68. Int. Kl.: C 08f. A.-Z.: 128824. Prior.: 22. 11. 66 (Be; A.-Z.: 36143).

FrP 1545402. Pfropfcopolymere und ihr Herstellungsverfahren. Erf.: *J. Darcy* u. *P. G. Palmer*. Inh.: Polymer Corp. Ltd. A. 27. 11. 67, B. 8. 11. 68. Int. Kl.: C 08f. A.-Z.: 129856. Prior.: 28. 11. 66 (Ca; A.-Z.: 976538).

FrP 1548558 (Aj.). Verfahren zur Herstellung von Vinylchloridpolymeren und -copolymeren bei niedriger Temperatur und daraus entstehende Produkte. Erf.: *M. Marbach* u. *J. Brivet*. Inh.: Produits Chimiques Pechiney-Saint-Gobain. A. 24. 10. 67, B. 6. 12. 68. Int. Kl.: C 08f. A.-Z.: 125633.

FrP 1548737. Verbesserung eines Verfahrens zur Polymerisation von Äthylen in einer kontinuierlich verlaufenden Anlage mit Röhren. Erf.: *E. M. Cernia, N. Ercoli Malacari, C. Magnani, C. Mancini* u. *W. Sbrolli*. Inh.: Asfalti, Bitumi, Cementi und Derivate S. p. A. A. 22. 11. 67, B. 6. 12. 68. Int. Kl.: C 08f. A.-Z.: 18982 Nord. Prior.: 23. 11. 66 (It; A.-Z.: 43050–A/66).

JaP 18460/68. Eine Styrol/Acrolein-Copolymerlösung. Inh.: Sekisui Chemical Co. Ltd. A. 23. 4. 64, B. 7. 8. 68. A.-Z.: 23283/64.

JaP 19555/68. Copolymerisation von Acrylnitril. Inh.: Nippon Exlan Industry Co. Ltd. A. 17. 2. 64, B. 23. 8. 68. A.-Z.: 65169/64.

SvP 214947. Verfahren zur Polymerisation von Propylen oder Styrol. Erf.: *G. Natta, E. Giachetti* u. *I. Pasquon*. Inh.: Montecatini Soc. Gen. per l'Industria Mineraria e Chimica, Mailand (It); u. Ziegler, K., Mülheim/Ruhr (DB). A. 3. 11. 58, B. 29. 8. 67. Kl.: 39c, 25/01. Prior.: 7. 11. 67 (It; A.-Z.: 6193). Entspr. DAS 1175437 u. DAS 1238667.

SvP 215382. Verfahren zum Reinigen von hochmolekularen, linearen Äthylen/Propylen-Copolymeren sowie nach dem Verfahren erhaltene Copolymere. Erf.: *R. Mostardini, R. Magri* u. *M. Piazza*. Inh.: Montecatini Soc. Gen. per l'Industria Mineraria e Chimica, Mailand (It); u. Ziegler, K., Mülheim/Ruhr (DB). A. 18. 6. 58, B. 19. 9. 67. Kl.: 39c, 25/01. Prior.: 19. 6. 57 (It; A.-Z.: 9103). Entspr. SzP 389910.

SUP 225445 (Urheberschein). Verfahren zur Herstellung von Polyelektrolyten. Erf.: *N. P. Zapevalova, L. A. Ovsjannikova, I. N. Osipova* u. *T. A. Sokolova*. Anm.: Institut vysokomolkuljarnych soedinenij AN SSSR. A. 25. 2. 66, B. 29. 8. 68. Kl.: 39c, 25/01. A.-Z.: 1057495/23–5.

SUP 226850 (Urheberschein). Verfahren zur Herstellung eines Polyelektrolyten. Erf.: *N. Ja. Ljubman, G. K. Imangazieva, F. T. Šostak* u. *S. M. Imanbekova*. Anm.: Institut chimičeskich nauk AN Kazachskoj SSR. A. 15. 7. 67, B. 16. 9. 68. Kl.: 39c, 25/01. A.-Z.: 1172806/23–5.

SUP 228945 (Urheberschein). Verfahren zur Herstellung einer plastifizierten Polyvinylacetatdispersion. Erf. u. Anm.: *I. M. Fingauz, G. A. Širikova, M. V. Počtar', T. A. Španskaja* u. *V. V. Gromov*. A. 21. 10. 66, B. 17. 10. 68. Kl.: 39c, 25/01. A.-Z.: 1108775/23–5.

USP 3408340. Verfahren zur Polymerisation von Olefinen mit einem Trikomponentenkatalysator, der ein disubstituiertes Polysiloxan enthält. Erf.: *Tsutomu Tanaka, Tadaichi Tokuzumi* u. *Hiroshi Fujimura*. Inh.: Mitsui Petrochemical Industries, Ltd., Tokio (Ja). A. 5. 2. 64, B. 29. 10. 68. Kl.: 260–88,2. 16 Anspr. A.-Z.: 38/6,160 u. 38/8,544). Entspr. FrP 1382685, FrP 1382687, GBP 1058271 u. GBP 1058272.

SzP 465887. Verfahren zur Herstellung von polyhalogenierten Polyäthern. Erf.: *Grégoire Kalopissis* u. *Guy Vanlerberghe*. Inh.: L'Oréal, 14, rue Royale, Paris 8e (Fr). A. 21. 4. 66. Kl.: 39c, 30. A.-Z.: 191/68. Prior.: 23. 4. 65, 22. 11. 65 u. 6. 4. 66 (Lu; A.-Z.: 48458, 49902 u. 50850).

SUP 228948 (Urheberschein) Zus. z. Pat. 135556. Verfahren zur Herstellung filmbildender Copolymerer. Erf. u. Anm.: *Ja. P. Berkman, S. I. Trachtenberg, L. M. Šuter, M. M. Ostrovskij* u. *E. K. Kovaljuk*. A. 4. 2. 66, B. 17. 10. 68. Kl.: 39c, 30 (39c, 25/01). A.-Z.: 1053806/23–5.

Klasse 42k, 50. Textilprüfung, Verfahren, Vorrichtungen und Maschinen zum Prüfen von Fasern, Fäden, Garnen, Geweben auf ihre mechanischen und Festigkeitseigenschaften, auf Spannungen, mechanische Unregelmäßigkeiten, Drall (Drehung), Porosität

DAS 1275309. Vorrichtung zum Prüfen von Garnen. Erf.: *Johannes Libbe Leistra*. Anm.: N. V. Philips' Gloeilampenfabrieken, Eindhoven (Nd). A. 1. 6. 65, B. 14. 8. 68. Kl.: 42k, 50. A.-Z.: P 1275309. 2–52 (N 26813). Prior.: 5. 6. 64 (Nd; A.-Z.: 6406359).

DAS 1276366. Kraftmeßvorrichtung zur Feststellung von Reißkraft und Reißdehnung von Drähten und dgl. Erf.: *Heinrich Schumacher* u. *Alfred Kroh*. Anm.: Schumacher, Heinrich, 7000 Stuttgart-Degerloc h, Wacholderweg 8. A. 25. 6. 63, B. 29. 8. 68. Kl.: 42k, 50. A.-Z.: P 1276366. 5–52 (Sch 33453).

DAS 1276367 Zus. z. Pat. 1041278. Kollektiv-Reißverfahren. Erf. u. Anm.: *Heinrich Schumacher*, 7000 Stuttgart-Degerloch, Wacholderweg 8. A. 23. 3. 65, B. 29. 8. 68. Kl.: 42k, 50. A.-Z.: P 1276367. 6–52 (Sch 36754).

SUP 225522 (Urheberschein). Relaxometer für die Prüfung von Fäden. Erf.: *A. M. Bogdanov, Ju. P. Ljubovickij, P. V. Melent'ev, E. S. Romanov, A. M. Stalevič* u. *V. G. Tiranov*. A. 8. 7. 66, B. 29. 8. 68. Kl.: 42k, 50. A.-Z.: 1089281/28–12.

SUP 228311 (Urheberschein). Gerät zur Prüfung von Garnen auf Haltbarkeit bei pulsierenden Belastungen. Erf.: u. Anm.: *G. A. Burov*. A. 10.10.66 B. 8. 10. 68. Kl.: 42k, 50. A.-Z.: 1106751/28–12.

USP 3405556. Vorrichtung zum Messen der Drehungen eines Cords. Erf.: *Victor E. Gonsalves* u. *Onno T. De Vries*. Inh.: Algemene Kunstzijde Unie N. V., Arnheim (Nd). A. 18. 7. 66, B. 15. 10. 68. Kl.: 73–160. 6 Anspr. A.-Z.: 566137. Prior.: 13. 8. 65 (Nd; A.-Z.: 6510579).

DAS 1272072. Vorrichtung zur kombinierten Steuerung und Regelung der Drehzahl von Wickelbäumen. Erf.: *Hans Kabelitz*. Anm.: Gebrüder Sucker, Mönchengladbach, Blumenberger Str. 143/145. A. 22. 12. 55, B. 4. 7. 68. Kl.: 47k, 3/04. A.-Z.: P 1272072. 8 53 (S 46821).

Klasse 47k. Allgemein anwendbare Verfahren und Vorrichtungen zum Bewegen, Führen und Speichern, z. B. Wickeln von faden-, draht-, seil-, kabel-, schlauch-, band- oder bahnförmigem Gut

DAS 1270915. Anordnung zum Festlegen des Wickelgutanfangs bei mehrspindligen Wickelmaschinen. Erf.: *Peter Aumann.* Anm.: Willy Aumann KG, Espelkamp-Mittwald, Beuthener Str. 18. A. 21. 4. 64, B. 20. 6. 68. Kl.: 47k, 5/04. A.-Z.: P 1270915. 8—53 (A 45819).

DAS 1271488. Vorrichtung zum Inbetriebsetzen oder Stillsetzen der Aufwickelspule von Spulvorrichtungen. Erf.: *Ulrich Lossa.* Anm.: Palitex Projekt Co. GmbH, Krefeld, Weserweg 8. A. 21. 11. 66, B. 27. 6. 68. Kl.: 47k, 5/00. A.-Z.: P 1271488. 4—53 (P 40834).

DAS 1268927. Vorrichtung zum Überwachen von Bändern und Fäden. Erf.: *Ernst Breuning.* Anm.: Ernst Breuning, Gerlingen 2, Frühlingsweg 6. A. 12. 8. 66, B. 22. 5. 68. Kl.: 47k, 3/110. A.-Z.: 1268927 (B 88463).

Klasse 55b. Verfahren zur Herstellung von Zellstoff, Zellstoffkocher, Wiedergewinnung der Ablauge und Abgase

SvP 215418. Verfahren zum Aufschluß von Holzspänen. Erf.: *J. D. Robertson, G. M. Dickinson* u. *A. M. Heald.* Inh.: Sonoco Products Co., Hartsville, S. C. (US). A. 9. 7. 64, B. 19. 9. 67. Kl.: 55b, 1/01.

SUP 227840 (Urheberschein). Vorrichtung zur Entnahme von Stoffproben aus Kochern. Erf.: *V. D. Zamyslovskij, E. N. Smolina, V. N. Smorodin, O. F. Sobolev* u. *E. I. Spaskov.* Anm.: Vsesojuznyj naučno-issledovatel'skij institut celljulozno-bumažnoj promyšlennosti. A. 27. 2. 67, B. 25. 9. 68. Kl.: 55b, 2/60 (421, 18). A.-Z.: 1136428/29—33.

SvP 216603. Verfahren zur Rückführung von in einem Elektrofilter ausgefällten Staub in die Sodahauspfannen. Erf.: *H. Andersson* u. *G. Mildh.* Inh.: Aktiebolaget Svenska Fläktfabriken, Stockholm. A. 25. 3. 60, B. 7. 11. 67. Kl.: 55b, 3/01.

Literaturschau

Auszug aus Lieferung 7 und 8/1969 der Referatekartei „Faserstoffe und Textiltechnik", zusammengestellt von der Abteilung Wissenschaftliches Berichtswesen des Instituts für Faserstoff-Forschung der DAW 153 Teltow-Seehof, Kantstr. 55

I. Wissenschaftliche Grundlagen

Allgemeines

(Untersuchungsmethoden u. a.)

Padelt, E.: Bemerkungen zur neuen Tafel der gesetzlichen Einheiten. Feingerätetechnik **18** (1969) 4, S. 145—148.

Kohman, Z., Raszczuk, A., Zarecki, E.: Gerät zur Untersuchung von viskoelastischen Flüssigkeiten bzw. gelartiger Substanzen nach der Methode der freien Schwingungen. Polimery, Warszawa **14** (1969) 1, S. 11—16.

Constantinescu T., Enache, Stefania: Phenothiazin als Nachweisreagens in der Dünnschichtchromatographie. Rev. Chimie, Bucureşti **20** (1969) 2, S. 96.

Ališoev, V. R., Berezkin, V. G., Nemirovskaja, I. B., Kovarskaja, B. M., Talalaev, E. I., Markovič, Z. P., Pokrovskaja, E. A., Fratkin, O. S.: Zur Rolle der Probengröße bei der pyrolytischen Gaschromatographie. Vysokomol. Soed. (Hochmol. Verbind.) **11a** (1969) 1, S. 247—251.

Kunst, B., Mencer, H.: Über die Anfangsverteilung der Tropfengröße in mechanisch hergestellten Öl-in-Wasser-Emulsionen. Kolloid-Z./Z. Polymere **228** (1968) 1/2, S. 77—78. (engl.)

Physik und Chemie der Hochpolymeren

Sharp, Philip, Bloomfield, Victor A.: Grenzviskosität von wurmartigen Ketten mit Effekt des ausgeschlossenen Volumens. J. chem. Physics **48** (1968) 5, S. 2149—2155.

Quadrat, O., Bohdanecký, M.: Eine anormale Viskositäts-Konzentrations-Abhängigkeit von verdünnten Polystyrollösungen in Theta-Lösungsmitteln bei hohen Schubgeschwindigkeiten. J. Polymer Sci., B: Polymer Letters **6** (1968) 11, S. 769—771.

Mohr, K.-H., Wolf, F.: Viskosimetrisches Verhalten von Polyglykoläther-Phenol-Komplexen. Kolloid-Z./Z. Polymere **229** (1969) 1, S. 46—51.

Pokrovskij, V. N.: Rheologie von dispersen Systemen und Polymeren. Spannungstensor verdünnter Polymerlösungen. Kolloid. Ž., Moskva **31** (1969) 1, S. 114—120.

Schurz, J., Müller, K.: Rheologische Untersuchungen an Polyvinylacetat-Lösungen. Makromol. Chemie **121** (1969) S. 58—69.

Cameron, G. G., Kerr, G. P., Gourlay, A. R.: Bestimmung des Zahlenmittels der relativen Molekülmasse durch viskosimetrische Messungen während eines statistischen Abbaus von Polymeren. J. macromol. Sci. A: Chemistry **2** (1968) 4, S. 761—779.

Klušnikov, V. A., Severova, N. N., Kosmatych, K. I., Domareva, N. M., Domničeva, N. A., Andreeva, I. N., Barkova, A. I., Archipova, Z. V., Šalaeva, L. F.: Einfluß der Copolymerisationsbedingungen auf die Verteilung der relativen Molekülmassen in Äthylen/Propylen-Copolymeren. Plast. Massy, Moskva (Plast. Massen) (1969) 1, S. 7—9.

Pfannemüller, B., Mayerhöfer, H., Schulz, R. C.: Optische Rotationsdispersion und Circulardichroismus der Jodkomplexe niedermolekularer Amylosen in Abhängigkeit vom Polymerisationsgrad. 4. Mitteilung. Makromol. Chemie **121** (1969) S. 147—158.

Angood, A. C., Koenig, J. L.: IR-Untersuchungen der Kettenfaltung in Polyäthylenoxid. J. appl. Physics **39** (1968) 11, S. 4985—4990.

Prud'homme, J., Sicotte, Y.: Charakterisierung der Polydispersität von Polymeren in guten Lösungsmitteln durch Lichtstreuung. J. colloid interface Sci. **27** (1968) 3, S. 547—552.

Bergmann, E. A., Rubin, I. D.: Lichtstreuung von gescherten Polymerlösungen. J. Polymer Sci., B: Polymer Letters **6** (1968) 11, S. 789—793.

Beattie, W. H., Jung, H. C.: Bestimmung der Konzentration bei winkelabhängiger Lichtstreuung für die turbidimetrische Titration von Polymeren. J. colloid interface Sci. **27** (1968) 3, S. 581—590.

Sanadze, T. I., Chucišvili, G. R.: Über „verbotene" Übergänge und diskrete Sättigung in ESR-Linien. Ž. eksp. teoret. Fiziki (Z. experim. theoret. Physik) **56** (1969) 2, S. 454—461.

Henrici-Olivé, G., Olive, S.: ESR-Untersuchung zur Stabilität der Bindung Titan-Cyclopentadienylring in löslichen Ti-Al-Katalysatoren. Makromol. Chemie **121** (1969) S. 70—74.

Cornell, S. W., Koenig, J. L.: Durch Laser angeregte Raman-Streuung in Polystyrol. J. appl. Physics **39** (1968) 11, S. 4883—4890.

Dimov, K., Lalewa, W., Koslov, P.: Einfluß der intra- und zwischenmolekularen Bindungen in der Acetylzellulose auf die Struktur ihrer Lösungen in Methylenchlorid. Cellulose Chem. Technology, Jassy/Rum. **2** (1968) 5, S. 465—476 (dt).

Jannink, G., de Gennes, P.-G.: Quasielastische Streuung an halbverdünnten Polymerlösungen. J. chem. Physics **48** (1968) 5, S. 2260—2265.

Teichgräber, M., Schilling, B.: Die übermolekulare Struktur hochpolymerer Verbindungen. Teil VI. Quantitativer Nachweis von Linienverbreiterungen von Polypropylen. Faserforsch. u. Textiltechnik **20** (1969) 4, S. 163—169.

Kirste, R. G., Wild, G.: Lösungseigenschaften von Polymethylmethacrylat und Polystyrol aus Röntgenkleinwinkelmessungen. Makromol. Chemie **121** (1969) S. 174—183.

Krjažev, Ju. G., Berlin, A. A., Šibanova, E. F., Cerkasin, M. I.: Über die Erhöhung der thermischen Beständigkeit von Polymeren durch Einführung polyaromatischer Konjugationsblöcke in das Makromolekül. Izv. Akad. Nauk SSSR, Serija chim. (Nachr. Akad. Wiss. UdSSR, Chemie) (1969) 2, S. 477.

Ohsumi, Y., Tani, S., Higashimura, T., Okamura, S.: Taktizität von durch kationische Polymerisation hergestellten Poly(o-methoxystyrol). J. macromol. Sci. A: Chemistry **2** (1968) 4, S. 727—738.

Koršak, V. V., Cejtlin, G. M., Pavlov, A. I.: Studium des Einflusses der Struktur auf die Eigenschaften einiger Polybenzoxazole. Vysokomol. Soed. (Hochmol. Verbind.) **11 A** (1969) 1, S. 11—15.

Loucheux, C., Czlonkowska, Z.: Vergleich der Eigenschaften von ataktischem und isotaktischem Poly-2-vinylpyridinen in Lösung. J. Polymer. Sci., C: Polymer Symposia (1968) 16(7), S. 4001—4010 (franz.).

Pelišenko, S. S., Solomko, V. P., Uskov, I. A., Pelzbauer, Z.: Einfluß der Füllstoffe auf die übermolekulare Struktur von Polycaproamid bei der Alterung. Plast. Massy, Moskva (Plast. Massen) (1969) 1, S. 44—47.

Volkov, T. I., Faršjan, G. S., Baranov, V. G., Frenkel', S. Ja.: Über die Besonderheiten der Sphärolithbildung in einachsig verstreckten Schmelzstrahlen von isotaktischem Polypropylen. Vysokomol. Soed. (Hochmol. Verbind.) **11 A** (1969) 1, S. 108—117.

Novikov, N. P., Cholodilov, A. A., Černjavskij, F. N., Kargin, V. A.: Einige Besonderheiten der Struktur von durch Polymerisation in der Masse hergestelltem Polymethylmethacrylat. Dokl. Akad. Nauk SSSR (Ber. Akad. Wiss. UdSSR) **183** (1968) 6, S. 1375—1376.

Bolewski, K., Rychly, B.: Über die Struktur der Bindung von Polyvinylalkohol und Borsäure. Kolloid-Z./Z. Polymere **228** (1968) 1/2, S. 48—54.

Steffens, E.: Die Kristallisation während der Verarbeitung von Polyäthylenterephthalatfolien. Plaste u. Kautschuk **16** (1969) 3, S. 171—174.

Nakajima, A., Hayashi, S.: Einkristalle des bei verschiedenen Temperaturen polymerisierten Polyvinylchlorids. Kolloid-Z./Z. Polymere **229** (1969) 1, S. 12—17 (engl.).

Peterson, J. M.: Peierls-Spannung für Schraubenversetzungen in Polyäthylen. J. appl. Physics **39** (1968) 11, S. 4920—4928.

Alexander, A. E., Robb, I. D.: Ein neues Verfahren zur Bestimmung der Anzahl von Latexteilchen pro Volumeneinheit. Kolloid-Z./Z. Polymere **228** (1968) 1/2, S. 64 (engl.).

Jones, T. T.: Die Beziehung zwischen Gebrauchseigenschaften und Grundparametern von Polymeren. I. Eine Gemeinschaftsuntersuchung an Polystyrol mit Torsionsspendel- und Schlagfestigkeitsverfahren. J. Polymer. Sci., C: Polymer Symposia (1968) 16(7), S. 3845—3864.

Kästner, S.: Zur Frage der Abhängigkeit der Relaxationszeit des dielektrischen Verhaltens der Polymeren vom freien Volumen. J. Polymer Sci., C: Polymer Symposia (1968) 16(7), S. 4121—4131. (dt.).

Andrews, R. D., Okuyama, H.: Rheo-optisches Verhalten von Polyacrylnitril: Kriechen und Kriecherholung. J. appl. Physics **39** (1968) 11, S. 4909—4914.

Markevič, I. N., Berlin, S. I., Dolgoplosk, B. A.: Inhibierung der Kettenspaltung bei Polymeren durch die Einführung „fremder" Kettenglieder in die Kette. Dokl. Akad. Nauk SSSR (Ber. Akad. Wiss. UdSSR) **183** (1968) 6, S. 1343—1345.

Bowden, P. B., Jukes, J. A.: Deformationsstreifen in amorphem Polystyrol und ihre Beziehung zum Gleitlinienfeld. Nature, London **221** (1969) 5179, S. 462—463.

Olear, P. D., Erdogan, F.: Zeit/Temperatur-Abhängigkeit des spröden Bruches von viskoelastischen Festkörpern. J. appl. Polymer Sci. **12** (1968) 11, S. 2563—2574.

Rempp, P., Decker-Freyss, D.: Darstellung von Polystyrol mit gesteuerter Verzweigung. J. Polymer Sci., C: Polymer Symposia (1968) 16(7), S. 4027 bis 4034. (franz.).

Bruneau, C. M.: Die Vernetzung: Ein spezieller Aspekt der Gelbildung gemäß der Theorie der stochastischen Graphen. J. Polymer Sci., C: Polymer Symposia (1968) 16(7), S. 4113—4120 (franz.).

Szewczyk, H., Jaworski, M., Zielasko, A., Richter, S.: Untersuchung des Doppelbindung-Gehaltes in verschiedenen Polyolefinen. Polimery, Warszawa **14** (1969) 1, S. 16—18.

Ion, V., Diaconescu, I., Dobrescu, V.: Charakterisierung von Polymeren mit Hilfe der analytischen Ultrazentrifuge. II. Bestimmung der Verteilung der relativen Molekülmassen. Materiale plast., Bucureşti **5** (1969) 6, S. 305—306.

Dietrich, K.: Zur manometrischen Wasserbestimmung in Polyamidschnitzeln. Faserforsch. u. Textiltechnik **20** (1969) 4, S. 198—199.

Jellinek, H. G., Wang, L. C.: Photolyse von Polyvinylpyrrolidon in sauerstofffreien wäßrigen Lösungen. J. macromol. Sci., A: Chemistry **2** (1968) 4, S. 781—797.

Jerussi, R. A., McCormick, M.: Aryl-Endblockierung von 2,6-Dimethyl-1,4-polyphenylenoxid. J. Polymer Sci., A—1: Polymer Chem. **6** (1968) 11, S. 3167—3169.

Holmer, D. A.: Polyamid- und Polyesterderivate von Homoterephthalsäure. J. Polymer Sci., A—1: Polymer Chem. **6** (1968) 11, S. 3177—3181.

Gregor, L. W.: Extrem dünne Polymerschichten. Umschau Wiss. Technik **69** (1969) 4, S. 120.

Grmela, V., Megarskaja, L.: Eine Vorrichtung für dilatometrische Messungen der Kristallisation von Elastomeren. J. sci. Instruments/J. Physics E **2** (1969) 3, S. 277 – 278.

Cotter, J. L., Knight, G. J., Lancaster, J. M., Wright, W. W.: Thermischer Abbau von Perfluorpolyphenylenen. J. appl. Polymer Sci. **12** (1968) 11, S. 2481 – 2490.

Silberberg, A.: Adsorption von flexiblen Makromolekülen. IV. Einfluß der Wechselwirkung zwischen Gelöstem und Lösungsmittel, Konzentration des Gelösten und relativer Molekülmasse. J. chem. Physics **48** (1968) 7, S. 2835 – 2851.

Cowie, J. M. G., Toporowski, P. M., Costaschuk, F.: Untersuchungen an Amylose und ihren Derivaten. Teil VII. Schmelzen und Einfriertemperaturen von Amyloseestern. Makromol. Chemie **121** (1969) S. 51 – 57 (engl.).

Jacobasch, H.-J.: Elektrokinetische Untersuchungen an Faserstoffen. Faserforsch. u. Textiltechnik **20** (1969) 4, S. 191 – 196.

Simulin, Ju. N., Martynov, Ju. M., Džagacpanjan, R. V., Geršenovič, A. I.: Wärmeeffekte der Bildungsreaktionen von Chloräthansulfonat und Celluloseäthansulfonat. Chim. Prom. (Chem. Ind.) (1969) 1, S. 74.

Hara, K., Imoto, T.: Adhäsion von Polyäthylen. I. Einführung polarer Gruppen durch Oxydation des Polyäthylens in flüssiger Phase. Kolloid-Z./Z. Polymere **229** (1969) 1, S. 4 – 7 (engl.).

Mylnikov, V., Terenin, A.: Erzeugung von Ladungsträgern durch Licht in Acetylenpolymeren und deren Sensibilisierung durch Farbstoffe. J. Polymer Sci., C: Polymer Symposia (1968) 16(7), S. 3655 – 3665.

Hollahan, J. R.: Ein Plasmareaktor, der im Bereich der Radio-Frequenz arbeitet, für die Behandlung von Polymer-Oberflächen. J. Sci. Instruments/J. Physics E **2** (1969) 2, S. 203 – 205.

Physik und Chemie der Monomeren und Oligomeren

Zimmermann, H., Schaaf, E.: Zur thermischen Stabilität von Terephthalsäuredimethylester. Faserforsch. u. Textiltechnik **20** (1969) 4, S. 185 – 190.

Fischer, M.: Photochemische Reaktionen. VI. Photoumlagerungen von N-Phenyl-lactamen. Chem. Ber. **102** (1969) 1, S. 342 – 350.

Mikula, F.: Lage und Perspektiven der Produktion von 6-Caprolactam in der ČSSR. Chem. Prům., Praha (Chem. Ind.) **19(44)** (1969) 1, S. 29 – 31.

Miró, P., Puente, J., Anguera, S., Febrer, A.: Eine neue Aminosäure: Ornithinoalanin, bzw. N′-(2-Carboxy-2-aminoäthyl)ornithin. Synthese und Isolierung in mit Natriumhydroxid behandelter Wolle. Invest. Inform. textil, Barcelona **11** (1968) 4, S. 471 – 478.

Schmidt, K. H.: Weltweiter Ausbau bei Acrylnitril. Chem. Ind., Düsseldorf **21** (1969) 2, S. 94 – 96.

Penczek, P.: Aromatische Oligomere mit großen Ringen. Polimery, Warszawa **14** (1969) 1, S. 9 – 10.

Polymerisation

Hardy, G.: Die Rolle der Elektronen-Donator-Akzeptor-Komplexe bei Polymerisationsreaktionen. Mitt.-Bl.-chem. Ges. DDR **16** (1969) 2, S. 26 – 27.

Gordon, M., Scantlebury, G. R.: Die Theorie des Verzweigungsprozesses und der kinetisch gesteuerten Ring-Ketten-Konkurrenzprozesse. J. Polymer Sci., C: Polymer Symposia (1968) 16(7), S. 3933 – 3942.

Reynolds, G. E. J.: Pfropfcopolymerisation durch polymere Initiatoren. J. Polymer Sci., C: Polymer Symposia (9168) 16(7), S. 3957 – 3962.

Anderson, J. D.: Elektrochemische Synthese von lebenden Anionen. J. Polymer Sci., A – 1: Polymer Chem. **6** (1968) 11, S. 3185 – 3186.

Kanig, G., Neff, H.: Beeinflussung der Entmischungserscheinungen in Polymersystemen durch Copolymerisation und Vernetzung. Makromol. Chemie **121** (1969) S. 75 – 86 (dt.).

Parrod, J., Sinn, V., François, B., Mayer, N.: Durch Calcium ausgelöste Polymerisation. J. Polymer Sci., C: Polymer Symposia (1968) 16(7), S. 4059 – 4062 (franz.).

Kalian, H. G., Müller, F. H., Weimann, N.: Vergleichende Betrachtungen von Zustandsänderungen im idealen Gas und in ideal-gummielastischen Netzwerken. Kolloid-Z./Z. Polymere **228** (1968) 1/2, S. 38 – 42.

Salamatina, O. B., Boneckaja, A. K., Skuratov, S. M., Enikolopjan, N. S.: Kinetik der hydrolytischen Polymerisation von ε-Caprolactam und η-Capryllactam in Lösung. Vysokomol. Soed. (Hochmol. Verbind.) **11 A** (1969) 1, S. 158 – 163.

Grekov, A. P., Suchorukova, S. A., Kornev, K. A.: Untersuchung der Polymerisation von ε-Caprolactam in Gegenwart von aromatischen Carbonsäurehydraziden. Vysokomol. Soed. (Hochmol. Verbind.) **11 A** (1969) 1, S. 206 – 212.

Shiota, T., Hayashi, K., Okamura, S.: Ionische Pfropfcopolymerisation. IV. Polymerisation von β-Propiolacton durch Essigsäure, p-Toluolsulfonsäure und deren Natriumsalze. J. appl. Polymer Sci. **12** (1968) 11, S. 2421 bis 2439.

Henrici-Olivé, G., Olive, S.: Zur Kinetik der Polymerisation von Aethylen mit löslichen Ziegler-Natta-Katalysatoren. Kolloid-Z./Z. Polymere **228** (1968) 1/2, S. 43 – 48.

Suganuma, G., Mitsui, H., Machi, S., Hagiwara, M., Kagiya, T.: Kinetik der durch γ-Strahlung ausgelösten Polymerisation von Äthylen in tert-Butylalkohol. J. Polymer Sci., A – 1: Polymer Chem. **6** (1968) 11, S. 3127 bis 3137.

Keller, A., Willmouth, F. M.: Über die Morphologie und die Herkunft der in naszierendem Ziegler-Polyäthylen beobachteten Fasern. Makromol. Chemie **121** (1969) S. 42 – 50 (engl.).

Soldatov, V. M., Kirillov, A. I., Veksljarskij, P. G.: Einfluß einiger Faktoren auf die Emulsionspolymerisation von Vinylchlorid. Plast. Massy, Moskva (Plast. Massen) (1969) 1, S. 5 – 6.

Gollmer, K., Ringsdorf, H.: Mercaptale als spezifische Inhibitoren für mit Dibenzoylperoxid initiierte Polymerisationen. Untersuchung von O-, S- und N-Vinylverbindungen. IX. Makromol. Chemie **121** (1969) S. 227 bis 239.

Pramanick, D., Palit, S. R.: Eisenbromat als Redoxinitiator für die wäßrige Vinylpolymerisation. Kolloid-Z./Z. Polymere **229** (1969) 1, S. 24 – 28 (engl.).

Nakatsuka, K., Adachi, K., Suga, H., Seki, S.: Die sogenannte Polymerisation von Vinylacetat im glasartigen Zustand. J. Polymer Sci., B: Polymer Letters **6** (1968) 11, S. 779 – 782.

Yano, H., Takemoto, K., Imoto, M.: Vinylpolymerisation. 204. Über den Mechanismus der Initiierung der Radikalpolymerisation von Vinylmonomeren durch p-Methoxy-p′-nitrobenzoylperoxid und tertiäre Amine. J. macromol. Sci. A: Chemistry **2** (1968) 4, S. 739 – 749.

Millan, J., Smets, G.: Synthese, Struktur und Stabilität von Polyvinylchlorid. Makromol. Chemie **121** (1969) S. 275 – 289 (engl.).

Braun, D., Faust, R. J.: Darstellung und Eigenschaften von Poly-4-vinyltriarylmethylradikalen. Makromol. Chemie **121** (1969) S. 205 – 226.

Mizote, A., Higashimura, T., Okamura, S.: Kationische Polymerisation von β-Phenylvinylalkyläthern. J. macromol. Sci. A: Chemistry **2** (1968) 4, S. 717 – 726.

Vlasov, A. V., Malachova, L. I., Cetlin, B. L., Šablygin, M. V.: Strahlungsinduzierte Polymerisation aus der Gasphase auf einer festen Oberfläche als Methode zur Herstellung von isotaktischen Polymeren (am Beispiel des Systems Acrylsäure/Polyäthylen. Dokl. Akad. Nauk UdSSR (Ber. Akad. Wiss. UdSSR) **184** (1969) 4, S. 843 – 846.

Gabduralieva, A. K., Kulikova, N. P., Konchin, Ju. A., Kirilenko, Ju. K., Vol'f, L. A., Meos, A. I.: Copolymere von Acrylnitril mit Schiffschen Allylbasen. Vysokomol. Soed. (Hochmol. Verbind.) **11 B** (1969) 1, S. 35 bis 36.

Babaré, L. V., Dremin, A. N., Peršin, S. V., Jakovlev, V. V.: Polymerisation von Acrylnitril durch Stoßkompression. Dokl. Akad. Nauk SSSR (Ber. Akad. Wiss. UdSSR) **184** (1969) 5, S. 1120 – 1123.

Vasiliu, R., Andriescu, P.: Polymerisation von Acrylnitril in Gegenwart von Uranyl- und Thoriumsalzen. Materiale plast., Bucureşti **5** (1968) 6, S. 303 – 304.

Gothard, Fr., Iacob, C., Brasat, G.: Untersuchung des Flüssig/Flüssig-Gleichgewichts im System Vinylacetat/Acrylnitril/Wasser. Rev. Chimie, Bucureşti **20** (1969) 1, S. 29 – 30.

Simionescu, Cr., Feldman, D., Ciubotariu, M.: Einige Aspekte der Pfropfung von Acrylnitril auf Viskosefasern unter der Einwirkung von γ-Strahlen, Celuloză și Hìrtie, București (Cellulose u. Papier) 18 (1969) 1, S. 10 – 13.

Berger, J., Lazár, M.: Polymerisation von Methylmethacrylat im System Tetrahydrofuran/Maleinsäureanhydrid. Teil II. J. Polymer Sci., A – 1: Polymer Chem. 6 (1968) 11, S. 3109 – 3118.

Golé, J., Calvayrac, H.: Photochemische Vernetzung von Polyacroleinen und Pfropfcopolymeren des Acroleins auf anionischem Weg. J. Polymer Sci., C: Polymer Symposia (1968) 16(7), S. 3765 – 3777 (franz.).

Berlin, Al. Al., Bogdanova, K. A., Kravčuk, I. P., Rakova, G. V., Enikolopjan, N. S.: Über den Gleichgewichtscharakter der Polymerisation von Trioxan. Dokl. Akad. Nauk SSSR (Ber. Akad. Wiss. UdSSR) **184** (1969) 5, S. 1128 – 1131.

Koršak, V. V., Vinogradova, S. V., Vasnev, V. A., Mitajšvili, T. I.: Synthese von Polyarylaten unter heterogenen Bedingungen. Vysokomol. Soed. (Hochmol. Verbind.) **11 A** (1969) 1, S. 81 – 85.

Lohuizan, O. E., De Vries, K. S.: Kationische Polymerisation von einigen 1,1-Dialkylalkylenen und Methylencycloalkanen. J. Polymer Sci., C: Polymer Symposia (1968) 16(7), S. 3943 – 3956.

Ponomarenko, V. A., Chomutov, A. V., Il'čenko, S. I., Zadorožnyj, N. A.: Über die Korrelation zwischen den Induktionskonstanten von Substituenten, Basizität von monosubstituierten Äthylenoxiden und ihrer relativen Reaktivität bei der kationischen Copolymerisation mit Tetrahydrofuran. Izv. Akad. Nauk SSSR, Serija chim. (Nachr. Akad. Wiss. UdSSR, Chemie) (1969) 2, S. 454 – 455.

Koršak, V. V., Vinogradova, S. V., Tur, D. R.: Poly-1,3,4-oxadiazole auf der Basis von 4′,4″-Diphenylphthaliddicarbonsäure. Izv. Akad. Nauk SSSR, Serija chim. (Nachr. Akad. Wiss. UdSSR, Chemie) (1969) 2, S. 439 – 446.

Koršak, V. V., Rodě, V. V., Cejtlin, G. M., Čerkasova, G. M., Berezkina, N. A.: Synthese und Untersuchung einiger Polybenzimidazole. Vysokomol. Soed. (Hochmol. Verbind.) **11 A** (1969) 1, S. 35 – 42.

Rjabov, A. V., Larjaeva, V. N., Tichonova, Z. A., Ivanova, Ju. A., Odnosevcev, A. I.: Initiierende Wirkung von Dicyclopentadienyldiphenyltitan und Dicyclopentadienyldimethyltitan bei der Polymerisation von Vinylmonomeren. Vysokomol. Soed. (Hochmol. Verbind.) **11 B** (1969) 1, S. 49 – 52.

Ohsumi, Y., Higashimura, T., Okamura, S., Chûjo, R., Kuroda, T.: Kationische Polymerisation von α, β-disubstituierten Olefinen. VI. Sterische Struktur von Poly(methylpropenyläther), dargestellt durch kationische Katalyse. J. Polymer Sci. A – 1: Polymer Chem. **6** (1968) 11, S. 3015 bis 3030.

Sonderfragen

Kaval', V. V., Senachov, A. V., Sadov, F. I.: Einfluß von Elektrolyten auf die Löslichkeit von Emulgatoren bei der Herstellung von Emulsionsverdickungen des Typs Wasser-in-Öl. Izv. vysšich uč. Zav. Technol. tekstil. Prom. (Hochschulnachr. Technol. Textil-Ind.) (1968) 6, S. 84 – 87.

Birger, B. N., Mel'nikov, B. N., Moryganov, P. V.: Untersuchung der Wechselbeziehungen zwischen den Sorptions- und den Diffusionserscheinungen in den Färbeprozessen. Izv. vysšich uč. Zav. Technol. tekstil. Prom. (Hochschulnachr. Technol. Textil-Ind.) (1968) 6, S. 97 – 100.

II. Faserstoffe. Ausgangsstoffe usw.

Koch, P.-A.: Faserstoffe (Natur- und Chemiefasern). Z. ges. Textilind. **71** (1968) 3, S. 163 – 168.

Pflanzliche Faserstoffe

Reid, D.: Neue Fortschritte in der Textilforschung im Southern Regional Research Laboratory. Mod. Textiles Mag. **49** (1968) 9, S. 87 – 91.

Tierische Faserstoffe

Deli, S.: Die Feinheit der Wollen. Ind. textile Paris (1968) 974, S. 757 – 767.

Szuba, M.: Beobachtungen von Nosema bombycis N. an Seidenraupenhybriden. Pr. Labor. Jedwabiu naturaln. (Arb. Labor. Naturseide) **13** (1968) 21, S. 37 – 42.

Kremky, T.: Einfluß der Inkubationstemperatur von Maulbeerspinnereiern auf ihre Entwicklung. Pr. Labor. Jedwabiu naturaln. (Arb. Labor. Naturseide) **13** (1968) 21, S. 23 – 29.

Lefts, P. F., Truter, E. V.: Die Zusammensetzung der Epicuticula der Wolle. J. Textile Inst. **60** (1969) 2, S. 46 – 56.

Szuba, M.: Vorläufige Beobachtungen über die Verwendung von Chloraminlösungen zur Desinfektion in der Seidenraupenzucht. Pr. Labor. Jedwabiu naturaln. (Arb. Labor. Naturseide) **13** (1968) 21, S. 31 – 34.

Chemiefaserstoffe

Brennecke, W.: Chemiefasern in Verwendungsgebieten, an die man nicht denkt. Chemiefasern **19** (1969) 2, S. 106 – 107.

Bobeth, W., Päßler, H.: Verhalten von Elementarfäden bei Quetschbeanspruchung in Radial- und in Längsrichtung. Izv. vysšich uč. Zav. Technol. tekstil. Prom. (Hochschulnachr. Technol. Textil-Ind.) (1968) 6, S. 25 bis 30.

Cahn, R. W., Harris, B.: Neuere Formen des Kohlenstoffes und ihre Anwendungen. Nature, London **221** (1969) **5176**, S. 132 – 141.

Cellulose und Zellstoff

Lynch, R. S., Stillman, J. E., Timell, T. E.: Untersuchungen an Lärchen-Arabogalactan. 6. Das Galactangerüst des Tamarack-Arabogalactans. Svensk Papperstidn. **71** (9168) 24, S. 890–891 (engl.).

Teuronen, A.: Lage und Perspektiven der finnischen Zellstoffindustrie. Paperi ja Puu, Helsinki (Papier u. Holz) **51** (1969) 1, S. 23–26.

Nikolova, M., Karaivanova, S., Ivaniva, Ja., Božkov, I.: Gewinnung von Buchen-Vorhydrolysesulfatzellstoff zur Herstellung neuer Typen von Viskosefasern. Cellulose Chem. Technology, Jassy/Rum. **2** (1968) 5, S. 507–516 (russ.).

Rutkowski, J.: Die Rolle von Tensiden beim Bisulfitaufschluß von Holz. Cellulose Chem. Technology, Jassy/Rum. **2** (1968) 5, S. 527–539 (franz.).

Larson, Ph. R.: Einlagerung von ^{14}C in wachsende Zellwände von Pinus resinosa Tracheiden (Früh- und Spätholz). Holzforsch. **23** (1969) 1, S. 17–26. 5 Abb. (engl.).

Szanto, E.: Neue Gesichtspunkte bei der Prognose des Holzeinsatzes als Rohstoff für Papier und Zellstoff. Papir a Celulóza, Praha **23** (1968) 12, S. 338–340.

Komarov, A. I., Jakovlev, V. Ja.: Das Problem der Senkung des Harz- und Fettgehaltes in Viskosezellstoff. Bumaž. Prom. (Papier-Ind.) (1969) 2, S. 9–10.

Schmidt, U.: Papierchromatographische Fraktionierung von Lignosulfonaten – ein einfaches Mittel zur Kennzeichnung von Ablaugen. Zellstoff und Papier **18** (1969) 2, S. 35–39.

Seliverstova, V. M., Barabanov, N. N.: Über die Kontrolle der Acetylierung von Cellulose durch Leitfähigkeitsmethode. Plast. Massy, Moskva (Plast. Massen) (1968) 12, S. 58–60.

Regeneratfaserstoffe

Centola, G.: Einige Bemerkungen zu den Zellstoffeigenschaften und der Spinnbarkeit der Viskose. Cellulose Chem. Technology, Jassy/Rum. **2** (1968) 5, S. 477–484 (engl.).

Treiber, E.: Düsen zur Herstellung bandförmiger Reyonfäden. Chemiefasern **19** (1969) 3, S. 209.

Fusek, K., Kozler, M., Diačik, I.: Beitrag zur Methodik der Bewertung der Größe von Kristalliten bei Fasern aus regenerierter Cellulose. Chem. Vlákna, Svit (Chem. Fasern) 18 (1968) 6, S. 172–177.

Synthetische Faserstoffe

Dietze, M., Kühne, H.: Entwicklung und Gestaltung technischer Reaktoren zur kontinuierlichen Herstellung von Polyesterschmelzen. Chemiefasern **19** (1969) 4, S. 194–202.

Dumbleton, J. H., Murayama, T., Bell, J. P.: Über das dynamisch-mechanische Verhalten von verstreckten Polyäthylenterephthalatfaserstoffen. Kolloid-Z./Z. Polymere **228** (1968) 1/2, S. 54–58 (engl.).

Konkin, A. A.: Chemische Vernetzung von Kapronfasern und Untersuchung ihrer Eigenschaften. Chemiefasern **19** (1969) 2, S. 121–126.

Neue Anwendung für Spezialfasern. Chemiefasern **19** (1969) 2, S. 107–108.

Zalewski, E.: Herstellung von Geweben aus Hostalen-strip. Chemiefasern **19** (1969) 3, S. 188–192.

Schuur, G.: Garne und Fasern aus Polypropylen-Folienbändchen. Textil-Praxis **24** (1969) 2, S. 65–69.

Schwer brennbare Faserstoffe werden auf dem Gebiet der Raumtextilien „mündig". Japan Textile News (1968) 166, S. 47–50.

Peuker, H.: Fäden aus Folie, Herstellung, Weiterverarbeitung, Verwendung und einige Entwicklungsmöglichkeiten von Flach- und Splitfäden auf Polyolefinbasis. Z. ges. Textilind. **71** (1969) 2, S. 82–88.

Neuartiges Verfahren zur Herstellung von monoaxial verstreckter Folie und Folie-Flachfäden. Melliand Textilber. **50** (1969) 2, S. 148–150.

Ausgangsstoffe. Schaumstoffe. Kautschuk

Nutescu, D.: Herstellung von Polypropylenfolien. Materiale plast., București **5** (1969) 6, S. 333–335.

III. Fäden-Herstellungstechnologien

Spinnerei. Zwirnerei

Spinnereivorbereitung

Šejkin, M. O.: Über Wege für die Veränderung der Technologie der Flachsaufbereitung und -spinnerei. Tekstil. Prom., Moskva (Textil-Ind.) **29** (1969) 1, S. 76–77.

Vroomen, F.: Theorie des Verziehens unter Beteiligung von Faserverschlingungen bei der Spinnereivorbereitung. Ann. sci. textiles belges (1968) 4, S. 43–66.

Sevost'janov, A. G., Zavilevič, M. L.: Statistisches Linearmodell kleinen Umfangs für eine Mehrkomponenten-Fasermasse. Izv. vysšich uč. Zav. Technol. tekstil. Prom. (Hochschulnachr. Technol. Textil-Ind.) (1968) 6, S. 58–61.

Kato, M., Yoshida, K.: Eine Untersuchung der Eigenschaften von Büscheln bei pneumatischen Verfahren der Baumwolle. J. Textile Mach. Soc. Japan **14** (1968) 3/4, S. 99–108.

Spinnerei

Garde, A., Rottmayer, H.: Aus Forschung und Entwicklung. Melliand Textilber. **50** (1969) 2, S. 127–132.

Ein neues elektrostatisches Spinnverfahren verspricht größere Wirtschaftlichkeit. Spinner, Weber, Textilveredlung **87** (1969) 2, S. 119–120.

Oxtoby, E.: Planung eines Versuchs. Textile Manuf. **94** (1968) 1127, S. 442 bis 444, 447.

Erzeugnisse der Spinnerei und Zwirnerei

Lang, W. R., Rankin, R. K.: Die Wirkung der Veränderlichkeit des Faserdurchmessers auf die Kammgarnverarbeitung. Teil I. Die Anwendung von Vergleichsmustern aus ein und derselben Merinoherde. J. Textile Inst. **59** (1968) 9, S. 432–438.

Corbett, M. C., Lang, W. R., Yu, T. M.: Die Wirkung der Veränderlichkeit des Faserdurchmessers auf die Kammgarnverarbeitung. Teil II. Die Anwendung von Vergleichsmustern von handelsüblichen Kammzügen und ihren Mischungen. J. Textile Inst. **59** (1968) 9, S. 439–444.

Die Klassierung der Garnfehler. Ind. textile, Paris (1968) 974, S. 775–779.

Pjatnickij, V. D.: Verfahren zum schnittfreien Erhalt einer Abbildung der Fläche und des Umrisses eines Garnquerschnitts. Izv. vysšich uč. Zav. Technol. tekstil. Prom. (Hochschulnachr. Technol. Textil-Ind.) (1968) 6, S. 17–21.

Litzler, C. A.: Was für Fasern .. was für Reifen? Mod. Textiles Mag. **49** (1968) 9, S. 17–22.

Texturfäden

Nefedov, B. A., Usenko, V. A.: Über den Mechanismus der Bildung von Acetat-Texturseiden. Izv. vysšich uč. Zav. Technol. tekstil. Prom. (Hochschulnachr. Technol. Textil-Ind.) (1968) 6, S. 13–16.

Kern/Mantel-Fäden

Leont'eva, I. S.: Über die Herstellung von Kern-Mantel-Fäden auf Spinnmaschinen. Izv. vysšich uč. Zav. Technol. tekstil. Prom. (Hochschulnachr. Technol. Textil-Ind.) (1968) 6, S. 54–57.

IV. Flächengebilde-Herstellungstechnologien

Die Gegenwart und Zukunft von Schmalgewebe. Japan Textile News (1968) 166, S. 16–19.

Pilisi, J.: Rentabilität der Verfahren zur Umwandlung von Faden in Stoff. Ind. textile, Paris (1968) 974, S. 797–801.

Canzler, R.: Modische reguläre Maschenware. Melliand Textilber. **50** (1969) 2, S. 165–169.

Kerley, L. A.: Einige Faktoren, die das Zusammenziehen und die Kringelbildung in formgerechten Kleidungsstücken beeinflussen. J. Textile Inst. **59** (1968) 9, S. 405–414.

Materialvorbereitung

Galiguzov, L. K., Chudych, M. I.: Experimentelle Bestimmung der Fadenzugkraft bei Fadenverlegung durch Nutentrommeln im Zusammenhang mit der Erhöhung ihrer Lebensdauer. Izv. vysšich uč. Zav. Technol. tekstil. Prom. (Hochschulnachr. Technol. Textil-Ind.) (1968) 6, S. 75 bis 78.

Schmitz, K.: Untersuchung der Kostenverhältnisse bei Schärgatter-Einsatzwechsel. Spinner, Weber, Textilveredlung **87** (1969) 1, S. 32–38; 2, S. 110–115.

Weberei

Furkert, F.: Chemiefasern fordern zum Mustern heraus. Chemiefasern **19** (1969) 3, S. 183–188.

Weberei-Technologie

Aktuelle technische und wirtschaftliche Fragen in der Weberei. Z. ges. Textilind. **71** (1969) 3, S. 204, 206.

Čujko, V., Vdovenkova, T. S.: Schußsuchen nach dem Verfahren des Meistergehilfen Samosadov. Tekstil. Prom., Moskva (Textil-Ind.) **29** (1969) 1, S. 52–53.

Jerábek, J.: Nachfeuchtung der Luft für Düsenwebstühle. Textil, Praha **24** (1969) 2, S. 54–55.

Erzeugnisse der Weberei

Grau, H.: Zur Problematik des Einsatzes texturierter Polyester-Endlosgarne in der Weberei. Z. ges. Textilind. **71** (1969) 2, S. 104–107.

Teppiche – ein expandierender Markt für Chemiefasern. Chemiefasern **19** (1969) 2, S. 131–134.

Wirkerei und Strickerei. Konfektionstechnik. Sonstige Technologien

Bürger, H.: Die Entwicklung der Chemiefaserstoffe und ihre Einflußnahme auf die Wirkerei- und Strickereiindustrie. Bekleid. u. Maschenware 8 (1969) 1, S. 4–7.

Syrickaja, O. S., Smirnova, L. C.: Hauptrichtungen der technischen Ausrüstung von Strumpfbetrieben. Tekstil. Prom., Moskva (Textil-Ind.) **29** (1969) 1, S. 53–55.

Wirkerei- und Strickerei-Technologie

Hengel, G.: Praktische Verfahren zur Ermittlung von Vier- und Sechseckmuster-Rapporten auf Rundwirk- und Rundstrickmaschinen. Wirk- u. Strick-Technik **19** (1969) 2, S. 64–69, 91–93.

Computer in der Strumpf- und Maschenwarenindustrie. Hosiery Times **41** (1968) 475, S. 58, 61, 64, 65, 66, 68.

Erzeugnisse der Wirkerei und Strickerei

Peel, R.: Was ist auf dem Gebiete der nahtlosen Strümpfe los? Textile Ind. **132** (1968) 11, S. 109–110.

Konfektion

Weise, U.: Elektronische Schnittplanung und Lagenoptimierung. Bekleid. u. Wäsche **21** (1969) 3, S. 150–154.

Paul, E.: Fertigungskontrolle und Abnahme in der Bekleidungsindustrie. Bekleid. u. Wäsche **21** (1969) 5, S. 325–330.

Textilverbundstoffe

Faserverbundstoffe, Vliesstoffe

Javorsky, J., Danhel, A., Pirkl, K.: Die ARACHNE-Nähwirktechnologie und ihre Varianten – Perspektiven der Entwicklung nichtgewebter Textilien. Wirk- u. Strick.-Technik **19** (1969) 2, S. 54–64.

Sievers, K.: Der heutige Stand der Nadelfilz-Technik im Hinblick auf Verfahren und Maschinenkonstruktion. Melliand Textilber. **50** (1969) 2, S. 151–156.

Sonstige Technologien

Dawson, R. M., Moseley, J. F.: Die Phily-Methode zur Stoffherstellung. Textile Inst. Ind. **7** (1969) 2, S. 39–42.

V. Textilveredlung

Entwicklungen auf dem Gebiete der Wollfärberei und -veredlung. Internat. Dyer, Textile Printer, Bleacher, Finisher **141** (1969) 3, S. 172, 174.

Sprenkmann, W.: Das Schmälzen von Wolle aus der Sicht alter und neuer Erkenntnisse. Melliand Textilber. **50** (1969) 2, S. 197–202.

Leube, H.: Färben und Ausrüsten von Acetat und Triacetat und deren Mischungen mit Natur- und Synthesefasern. Z. ges. Textilind. **71** (1969) 2, S. 116–123.

Farbstoffe. Textilhilfsmittel

Androsov, V. F., Tolkačeva, T. D.: Einfluß von Äthylencarbonat auf die Löslichkeit von Dispersionsfarbstoffen. Izv. vysšich uč. Zav. Technol. tekstil. Prom. (Hochschulnachr. Technol. Textil-Ind.) (1968) 6, S. 88–91.

Zweidler, R.: Einführung in die Chemie der optischen Aufheller. Textilveredlung, Weinfelden/Schweiz **4** (1969) 2, S. 75–87.

Hefti, H.: Optische Aufheller für Polyesterfaserstoffe. Textilveredlung, Weinfelden/Schweiz **4** (1969) 2, S. 94–101.

Bleicherei. Sonstige Vorbehandlungsarbeiten der Textilveredlung

Hladík, V.: Enzymatisches Spalten der Stärke. Textil, Praha **23** (1968) 12, S. 428–429.
Nick, H.: Ein Beitrag zum Thema „Vorbehandlung von Webwaren aus Baumwolle bzw. Polyesterfaser/Baumwoll-Mischungen". Z. ges. Textilind. **71** (1969) 2, S. 113–116.
Blume, W.: Weißtönen von Polyacrylnitrilfasern. Textilveredlung, Weinfelden/Schweiz **4** (1969) 2, S. 88–94.

Färberei

Montgomery, V.: Barwicks automatisierte Färberei. Mod. Textiles Mag. **49** (1968) 9, S. 38, 40.
Borodina, I. M., Mil'man, Ja. V.: Mathematische Beschreibung des Färbeprozesses in periodisch arbeitenden Färbeapparaten. Izv. vysšich uč. Zav. Technol. tekstil. Prom. (Hochschulnachr. Technol. Textil-Ind.) (1968) 6, S. 114–118.
Cegarra, J., Puente, P.: Die Überwanderung der Dispersionsfarbstoffe von der Polyesterfaser auf die Wolle unter verschiedenen färberischen Bedingungen. Textilveredlung, Weinfelden/Schweiz **4** (1969) 2, S. 107–118.
Kern, R., Albrecht, P.: Über das Färben von Geweben aus Cellulosefasern und deren Mischungen mit Polyesterfasern auf der ARTOS-HYDRO-DRY-Färbeanalage. Textil-Praxis **24** (1969) 2, S. 116–120.
Ivett, R. W.: Das Färben von Polypropylenfilmfäden. Mod. Textiles Mag. **49** (1968) 9, S. 30–31.

Ausrüstung. Trocknung

Dupuis, R.: Die Ausrüstung synthetischer Strickstoff-Meterware. Gedanken zur Wirtschaftlichkeit beim Ausrüsten kleinerer Produktionsmengen im eigenen Betrieb. Chemiefasern **19** (1969) 2, S. 130–131.
Marsh, J. T.: Ein Ausrüstungsproblem: Schmutzfreigabe. Textile Manuf. **54** (1968) 1127, S. 465–468.
Čerovská, M.: Zur Problematik der hygienischen Ausrüstungen. Textil, Praha **24** (1969) 2, S. 59–60.
Delmencio, J., Wemyss, A. M.: Zusammenhänge zwischen Härten, Vernetzen und Knittern bei Wolle. J. Textile Inst. **60** (1969) 2, S. 78–81.
Chene, M., Lafaye, J. F., Quiles, J. P.: Mechanismus der Fixierung von Melamin/Formaldehyd-Harzen durch Cellulosefasern. Atip. Rev. Assoc. techn. Ind. pap., Paris **82** (1968) 6, S. 409–412.
Angelmahr, H.: Die chemische Fixierung von Wollstückwaren. I. Z. ges. Textilind. **71** (1969) 2, S. 124–125.
Le Blanc, R. Bruce: Feuerhemmende Baumwolltextilien. Internat. Dyer, Textile Printer, Bleacher, Finisher **141** (1969) 4, S. 231–232.
Zwei Arten von antistatischer Ausrüstung. Japan Textile News (1968) 166, S. 56–57.
Senner, P.: Die Behandlung von Garn-Wickelkörpern. Textil-Praxis **24** (1969) 2, S. 110–113.

Wäscherei. Chemische Reinigung

Waschmethoden für Gewebe und Maschenware zur Bestimmung von Maßänderungen und der Permanenz von Ausrüstungen. Textilveredlung, Weinfelden/Schweiz **4** (1969) 2, S. 125–127.
Minaev-Zikanowski, V. A.: Erhöhung der Mechanisierung und Automatisierung in Wäschereien. Textilreinigung, Leipzig **16** (1969) 4, S. 118–121.
Dyhrenfurth, E.: Ein automatisches Lösungsmittelsystem für die Chemischreinigung. Reiniger Rev./Chem. Reinigung/Färberei **12** (1969) 2, S. 32 bis 33.
Dyhrenfurth, E.: Automatisches Lösungsmittel-System für moderne Chemischreiniger. Chemischreiniger u. Färber/Färber-Ztg. **22** (1969) 3, S. 86–88.
Lazarovici, I., Ianoglu, M.: Chemische Analysen in der Chemischreinigung und Wäscherei. Ind. textilă, Bucureşti **20** (1969) 1, S. 45–48.
Bösenberg, H.: Hygiene – Forderungen an die Chemischreinigung. Chemischreiniger u. Färber/Färber-Ztg. **22** (1969) 3, S. 84–86.

VI. Werkstoffprüfung. Meß- und Prüftechnik. Standardisierung

Eigenschaften und Fehler der Textilmaterialien u. a.

Simionescu, T., Sinchievici, E., Pirligras, E.: Wirkung von klimatischen Faktoren auf HD-Polyäthylen. I. Materiale plast., Bucureşti **5** (1969) S. 307–310.
Raab, M.: Theorie der Kautschukfestigkeit. Chem. Listy, Praha (Chem. Bl.) **63** (1969) 1, S. 60–72.
Kangle, P. J., Nabar, G. M.: Untersuchungen über chemisch modifizierte Cellulose. II. Einige Aspekte der physikalischen Eigenschaften von chemisch modfizierter Cellulose. J. appl. Polymer Sci. **12** (1968) 11, S. 2533–2548.
Lochmüller, O.: Prüfmethode und Gerät für die Ermittlung der elektrostatischen Aufladung und der Reibung am laufenden Faden. Dt. Textiltechnik **19** (1969) 3, S. 172–177.
Löbel, W.: Ein Prüfverfahren für die Neigung zu elektrostatischer Aufladung. J. Textile Inst. **59** (1968) 9, S. 457–459.
Bielen, R.: Einfluß industrieller Behandlungen auf die chemischen Eigenschaften von Wolle. Ann. sci. textiles belges (1968) 4, S. 68–70.
Einfluß des Gehaltes an kurzen Fasern auf einige Parameter von Baumwollgarnen. Invest. Inform. textil, Barcelona **11** (1968) 4, S. 487–495.
Kawaski, K., Ono, T.: Stretcheigenschaften von Kulierware. J. Textile Mach. Soc. Japan **14** (1968) 3/4, S. 122–127.
Ivanov, V. I., Ljaljuškin, A. Ja., Kuznecova, N. Ja., Timochina, G. A.: Hemmung des thermischen Abbaues des Cellulosemoleküls. Dokl. Akad. Nauk SSSR (Ber. Akad. Wiss. UdSSR) **183** (1968) 6, S. 1338–1339.
Bucurenciu, I., Teodorescu, I.: Der Einfluß des Kalanderns auf die Formbeständigkeit von Baumwolltrikot. Ind. textila, Bucureşti **20** (1969) 1, S. 37–44.
Robinet, M., Roussel, J.: Messung des Aufbauschens von Garnen. Ann. sci. textiles belges (1968) 4, S. 7–29.

Meß- und Prüftechnik

Hoffmann, K.: Die quantitative Erfassung von Farbstoffen auf Geweben mittels Röntgenfluoreszenz. Melliand Textilber. **50** (1969) 2, S. 210–218.
Krejčí, J.: Möglichkeiten zur Lösung der Problematik des Textilprüfwesens. Textil, Praha **24** (1969) 2, S. 67–68.
Müller, E.: Prüftechnologie als Mittel zur Rationalisierung der Qualitätsprüfung. Feingerätetechnik **18** (1969) 4, S. 179–184.
Grimminger, H.: Probleme der Materialprüfung bei zerstörender Beanspruchung unter hohen Verformungsgeschwindigkeiten. GIT. Fachz. Laboratorium **13** (1969) 1, S. 3–9.
Zur Farbmeßtechnik im Textilveredlungsbetrieb. Internat. Textil-Bull., Zürich, Weltausgabe: Färberei/Druckerei/Ausrüstung (1968) 4, S. 1–2, 7–8, 13.
Koudelka, Z.: Untersuchung von Carriern auf der Basis von o-Phenylphenol und Diphenyl mit Hilfe der oszillographischen Polarographie. Textil, Praha **23** (1968) 12, S. 429–430.
Gerth, E.: Über Verfahren zur Erfassung, Darstellung und Auswertung von Häufigkeitsverteilungen. Feingerätetechnik **18** (1969) 4, S. 171–177.
Veirman, E.: Anwendung der Chromatographie auf dem Flachsgebiet. Ann. sci. textiles belges (1968) 4, S. 78–84.
Viertel, L., Sanchez, R., Castro, L., Barella, A.: Vergleichende Untersuchung der mittels des „Digital-Fibrograph" und Kammgeräten bestimmten Längenparameter von Baumwolle. III. Teil. Invest. Inform. textil, Barcelona **11** (1968) 4, S. 479–485.
Egbers, G.: Die 1. Ableitung von Spannungs-Dehnungs-Kurven und ihre Bedeutung bei der Ermittlung von Strukturveränderungen viskoelastischer Stoffe. Materialprüfung **11** (1969) 3, S. 73–78.
Barella, A., Gibert, J. M.: Beitrag zur Untersuchung der Scheuerfestigkeit und wiederholten Biegefestigkeit von Wollgewebe, Einfluß der Ermüdungsintensität auf die Verteilungsform. Invest. Inform. textil, Barcelona **11** (1968) 4, S. 451–462.

Standardisierung. Terminologie

Bieser, H.: Entwicklung der Qualitätsstandards bei synthetischen Endlosgarnen. Chemiefasern **19** (1969) 3, S. 180–183.
Uhlmann, R. H.: Terminologie der Wirkerei und Strickerei. Melliand Textilber. **50** (1969) 3, S. 295–298.
Textiletiketten – Wegweiser im Markt. Ciba-Rdsch., Basel (1968) 4, S. 40–42.

VII. Betriebstechnik. Ökonomie. Tagungsberichte und dgl.. Sonderfragen

Betriebstechnik

Backer, S., Sheldon, R. C., Reach, R. A.: Gewinnung der Tatsachen ... Informationsspeicherung und Wiederauffinden durch elektronische Datenverarbeitung. AATT Technical Review & Register (1968) Jahresheft, S. 28, 30, 32, 34, 38.
Weber, H.-H.: Prüftechnologie – Bindeglied zwischen Rationalisierung und Qualitätssicherung. Fertigungstechnik u. Betrieb **19** (1969) 3, S. 148 bis 151.
Schultheiß, R.: Elektronische Datenauswertungen als Führungsunterlagen. Rationalisierung, München **20** (1969) 2, S. 40–44.
Meisel, P. G.: Das neue Mutterschutzgesetz und seine Bedeutung für die Textilindustrie. Textil-Praxis **24** (1969) 3, S. 159–161.
White, W. V.: Die brennende Frage: Die Rolle des öffentlichen Gesundheitsdienstes der USA bei der Verhinderung von Verbrennungen durch brennende Kleidungsstücke und Stoffe. Amer. Dyestuff Rep. **57** (1968) 23, S. 49–54.
Schütz, H.: Was der Betriebspraktiker über Luftfilterung wissen sollte. Melliand Textilber. **50** (1969) 2, S. 231–238.
Möller, H.: Luftbefeuchtungs- und Luftentfeuchtungsgeräte. Bekleid. u. Wäsche **21** (1969) 3, S. 165–166.
Schiefner, K., Schmidt, F. O.: Arbeitsstudium, Arbeitsgestaltung, Arbeitsnormung sowie Gesundheits- und Arbeitsschutz bilden eine Einheit. Wirtschaft, Ausg. A **24** (1969) 11, S. 18–19.
*Orcellet, R.*c Die Wasseraufbereitung in Textilbetrieben. Textil-Praxis **24** (1969) 2, S. 104–108.

Ökonomie

Beyer, H.-J., Reichardt, H., Bittner, K., Prillwitz, H.: Automatisierung auf der Tagesordnung. I, II. Wirtschaft, Ausg. A **24** (1969) 10, S. 6–7; 13 S. 12–13.
Schiller, H.: Planen und Festlegen der Mehrmaschinenbedienung in der Serienfertigung. Fertigungstechnik u. Betrieb **19** (1969) 3, S. 142–145.
Irmscher, R., Feiertag, H.: Das Multimomenthäufigkeitsverfahren in der konfektionierenden Industrie. Bekleid. u. Maschenware **8** (1969) 1, S. 12–16.
Böttcher, J., Goetz, M.: Anlernverfahren und Methoden in der Textilindustrie. Textil-Praxis **24** (1969) 1, S. 27; 2, S. 77–79.
Klinke, R.: Der Wirtschaftsingenieur in der Textil- und Bekleidungsindustrie. Bekleid. u. Wäsche **21** (1969) 3, S. 161–164.
Vecernik, P.: Optimale Losgröße bei vertretbarem Ausschuß in der Fertigung. Ind. Organis., Zürich **38** (1969) 2, S. 76–78.
Schmitt, M.: Marketing als Instrument moderner Unternehmensführung. Rationalisierung, München **20** (1969) 2, S. 35–36, 49–52.
Hafen, F.: Mikromultimomentstudie (MMM). Ind. Organis., Zürich **38** (1969) 2, S. 45–52.
Bloch, W.: Das Mikromultimomentverfahren (MMM). Ind. Organis., Zürich **38** (1969) 2, S. 43–44...
Helm, R.: MTM und REFA. ZwF. Z. wirtsch. Fertigung **64** (1969) 2, S. 87 bis 90.
Buschardt, D., Heinrich, D., Gramatke, R.: Zur Konstruktion integrierter Organisationssysteme. Wirtschaft, Ausg. A **24** (1969) 11, S. 5–6.
Geschka, H.: Wertanalyse, Bibliographie deutschsprachiger Veröffentlichungen. Stand Juli 1968. ZwF. Z. wirtsch. Fertigung **64** (1969) 2, S. 91–92.
Ries, J. G.: Zeitakkord für die Spulerei. Textil-Praxis **24** (1969) 2, S. 83 bis 85.
Befürwortung der Preiserhöhung für Farbstoffe. Internat. Dyer, Textile Printer, Bleacher, Finisher (1969) 3, S. 186, 191, 193.
Angerbauer, E.: Japanische Textilindustrie rüstet auf! Textil-Praxis **24** (1969) 3, S. 129–131.
Chemiefasern im Weltverbrauch an zweiter Stelle. Kunststoff-Berater **14** (1969) 3, S. 213–214.

Sonderfragen

Rakowski, R: Wer ist als Wissenschaftler geeignet? Arbeit u. Arbeitsrecht **24** (1969) 6, S. 175–178.

FSC
www.fsc.org
MIX
Papier | Fördert gute Waldnutzung
FSC® C083411

Zeitfracht Medien GmbH
Ferdinand-Jühlke-Straße 7
99095 Erfurt, Deutschland
produktsicherheit@kolibri360.de